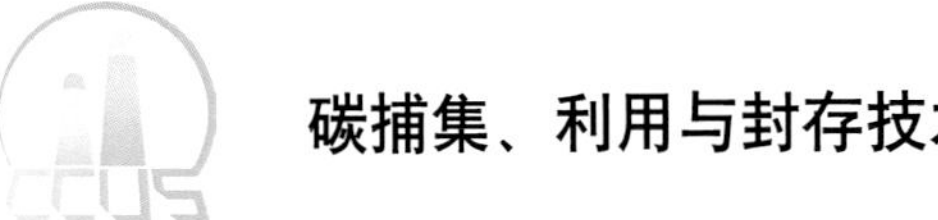

碳捕集、利用与封存技术进展丛书

THE CCUS PROJECT COST ACCOUNTING AND FINANCING

CCUS项目成本核算方法与融资

汪　航　李小春　主编

仲　平　张　贤
朱　磊　高　林　魏　宁　副主编

科学出版社
北　京

内 容 简 介

本书提出了一套完整的全流程碳捕集、利用与封存技术（CCUS）的经济性评价方法。结合 CCUS 工程技术实际，界定了技术的成本核算边界、核算指标体系、技术不确定性处理方法，以及相应的核算假设；分别给出了不同技术路径下的捕集（燃烧前、燃烧后、富氧燃烧）、运输（陆地管道、海洋管道、船舶运输），以及封存利用（咸水层封存、废弃油田）各个环节的的成本核算方法；给出了考虑多个不同利益相关方的全流程 CCUS 项目的算例分析；最后对 CCUS 的融资渠道和潜在融资机会进行了梳理。

本书适合政府能源主管部门、大型能源企业、咨询机构及设计院所工程技术人员，以及高校和科研院所研究人员阅读。

图书在版编目(CIP)数据

CCUS 项目成本核算方法与融资／汪航，李小春主编．—北京：科学出版社，2018.6

（碳捕集、利用与封存技术进展丛书）

ISBN 978-7-03-057872-3

Ⅰ.①C… Ⅱ.①汪…②李… Ⅲ.①二氧化碳-排气-成本计算-研究-中国 Ⅳ.①X511

中国版本图书馆 CIP 数据核字(2018)第 126440 号

责任编辑：王 倩／责任校对：彭 涛
责任印制：赵 博／封面设计：王 浩

科学出版社出版
北京东黄城根北街 16 号
邮政编码：100717
http://www.sciencep.com
北京厚诚则铭印刷科技有限公司印刷
科学出版社发行 各地新华书店经销
*
2018 年 6 月第 一 版 开本：B5（720×1000）
2024 年 3 月第二次印刷 印张：9 插页：2
字数：200 000

定价：138.00 元

（如有印装质量问题，我社负责调换）

本书编写组

主　　编　汪　航　李小春

副 主 编　仲　平　张　贤　朱　磊　高　林　魏　宁

编写人员　林则夫　樊静丽　张九天　王文涛
张　璐　杨　扬　何霄嘉　谢　茜
秦　媛　周　斌　樊　俊　南　燕
揭晓蒙

总　序

工业革命以来的人类活动，尤其是发达国家在工业化过程中大量温室气体的排放，引起全球气候近50年来以变暖为主要特征的显著变化，对全球自然生态系统产生了显著影响。全球气候变化问题日益严峻，已经成为威胁人类可持续发展的主要因素之一，削减温室气体排放以减缓气候变化成为当今国际社会关注的焦点。

为避免对气候系统造成不可逆转的不利影响，世界各国必须采取有效措施减少和控制温室气体的产生和排放。在众多温室气体减排技术方案中，碳捕集、利用与封存（CCUS）技术是一项新兴的、可实现化石能源大规模低碳利用的技术，将可能成为未来全球减少二氧化碳（CO_2）排放和保障能源安全的重要战略技术选择。CCUS技术可以与能效技术、新能源技术、可再生能源技术等共同形成更稳妥、更经济的技术组合，能够更有效地实现保障发展和应对气候变化的双重目标。

为推动CCUS技术的发展，目前全球已有多个国家开展了相关的技术研发和示范，一批全流程的商业规模示范正在筹备和建设中，一些国家和国际机构还提出了未来20年或更长时期该技术的发展路线和目标，CCUS技术在全球范围呈现出加速发展的态势。

近年来，中国政府也对CCUS技术的发展给予了积极的关注，围绕相关技术政策、研发示范、能力建设、国际合作开展了一系列工作推动CCUS技术的发展：

（1）技术政策方面，《国家中长期科学和技术发展规划纲要（2006—2020年）》《中国应对气候变化国家方案》《中国应对气候变化科技专项行动》《“十二五”国家碳捕集利用与封存科技发展专项规划》《“十三五”国家科技创新规划》等均将CCUS技术列为重点发展的减缓气候变化技术，积极引导CCUS技术的研发与示范。

（2）研发示范方面，从“十五”期间的技术跟踪和调研，到“十一五”“十二五”期间国家重大科技专项、国家主体科技计划围绕 CCUS 技术较系统的研发部署，公共研发投入的力度不断加大，支持范围从侧重单一技术环节的研究和中试，迈向支持工业规模的全流程技术示范；从侧重局部的 CO_2 封存潜力评估，扩大到覆盖全国范围的封存潜力调查。

（3）能力建设方面，积极推动建立产学研结合的 CCUS 技术合作平台。在科学技术部的动员和推动下，国内相关企业、研究机构、高校等成立“中国 CCUS 产业技术创新战略联盟”，将成为行业间、机构间开展 CCUS 技术研发与示范合作的平台。

（4）国际合作方面，积极参与并推动 CCUS 技术相关多边和双边合作。中国是碳收集领导人论坛（CSLF）创始成员国之一，积极参与清洁能源部长级会议（CEM）框架下 CCUS 技术工作组、全球碳捕集与封存研究院（GCCSI）、创新使命部长级会议（MI）等合作机制的工作。CCUS 已成为我国双边科技合作的重点领域之一，近年先后与欧盟、美国、澳大利亚、意大利等国家和 IEA 组织开展了全方位、多层次的 CCUS 技术合作。

尽管起步较晚，中国在 CCUS 技术方面都取得了长足进步。已经在上海建成了 10 万吨级燃煤电厂捕集示范，获得了与电厂热系统集成的宝贵经验；在吉林油田连续多年开展了提高采收率试验，充分验证了中国低渗油田采用 CO_2 驱油技术的适宜性；在河北成功开展了微藻固定 CO_2 制生物柴油中试，探索了 CO_2 能源化利用的技术方向；在内蒙古开展的 10 万吨级咸水层封存示范已开始稳定注气，将为中国咸水层封存 CO_2 积累宝贵工程数据和经验。这些不仅是中国 CCUS 技术发展的里程碑，也是中国为全球 CCUS 技术发展作出的重要贡献。

但是，从全球 CCUS 技术的总体发展来看，该技术仍处于研发和早期系统示范阶段，尚存在高成本、高能耗和长期安全性、可靠性待验证等突出问题。为解决这些问题，有必要进一步开展创新型技术的研发，降低 CCUS 技术系统的成本和能耗；有必要进一步加强全流程技术示范的开展，验证技术的应用效果并提升其成熟度；有必要推动形成科学的技术标准，保障 CCUS 技术应用的长期安全性；有必要探索建立有效的法律框架和监管体系，为全流程 CCUS 技术示范的开展和未来的应用提供保障。

为促进中国 CCUS 技术的发展，我们组织有关单位和专家编写了《碳捕集、利用与封存技术进展丛书》，包括《碳捕集、利用与封存技术——进展与展望》、《中国碳捕集、利用与封存技术发展路线图研究》、《中国二氧化碳地质封存选址指南研究》等，旨在梳理和综述当前全球和中国 CCUS 技术发展现状，辨识 CCUS 技术未来发展的重点方向和路线，探索并提出 CCUS 技术相关政策、监管制度和标准的建议等。丛书凝聚了中国 CCUS 技术领域众多专家学者的智慧和心血，具有较强的参考价值，希望能对国内相关科研机构、有关企业以及相关领域的研究与实践起到积极的促进作用。

目　录 CONTENTS

目录

第1章 概 述

1.1 CCUS的碳减排竞争力分析

大量研究表明，二氧化碳（CO_2）是全球气候变暖的主要驱动力，这一点已经在世界范围内达成共识。工业革命以来，全球碳排放总量急剧增长，大气中不断增加的温室气体——尤其是CO_2——促使地球温度的明显升高，导致了气候变化。据二氧化碳信息分析中心（Carbon Dioxide Information Analysis Center，CDIAC）的数据：2013年，全球的CO_2排放量再创历史新高，达到361亿t左右。其中，中国CO_2排放量为100亿t，美国为52亿t，欧盟28国为35亿t，印度为24亿t。

能源是社会经济发展的重要投入要素之一。由于化石能源的大量使用，能源行业排放量约占温室气体排放的三分之二。根据国际能源署（International Energy Agency，IEA）的研究：未来全球化石燃料的消耗量将继续上升，导致CO_2的排放量持续增加。即使假设世界各国政府当前应对气候变化的政策承诺和保证都实现，预计在2035年化石燃料仍将占全球能源需求的75%，需求增长预计在发展中国家更为迅速。在《世界能源展望2013》中，IEA估计到2035年，在趋势照旧的情景下，与能源相关的CO_2排放将增加20%。这将使得世界上符合长期平均气温的轨迹增加3.6℃，远高于国际公认的2℃的目标。

在全球共同应对气候变化的背景下，特别是2006年IPCC发布《CCS技术特别报告》以来，碳捕集与封存（Carbon Capture and Storage，CCS）被看作一种重要的温室气体减排方案，受到广泛关注。CCS是一种从化石燃料使用中实现大规模减排的技术，与全球应对气候变化中的发展替代能源（可再生能源、核能等），提高能源效率这两种减排选项一起，将在全球减排行动中发挥重要作用。

IEA的报告认为，CCS在抑制化石燃料发电的CO_2排放方面将发挥重要作用，CCS的大规模采用会使得全球应对气候变化的行动更具成本效益。IEA于2008年发布的《全球能源技术展望》（*Energy Technology Perspectives*）报告中指出，在2050年世界CO_2排放减半（相对于2005年）的目标前提下（温升控制在2℃），CCS技术将贡献近五分之一的减排量。而如果不采用CCS技术，仅依靠提高能效与利用可再生能源等减排成本更高的减排方法，将导致全球整体减排成本上升70%。并且如果没有电力行业CCS的投资，到2050年该行业的总减排成本将会增加2万亿美元（IEA，2012）。而且，在许多作为社会经济发展基础并长期存在的大规模工业流程中，CCS是可以显著减少直接排放的唯一有效选择。尽管现有电厂或新建电厂增加CCS设施将提高发电的总成本，但是若不考虑CCS技术，为了降低电力部门的排放，从而实现全球温度的上升控制在2℃以下的目标，需要利用一些更加昂贵的技术（图1-1）。

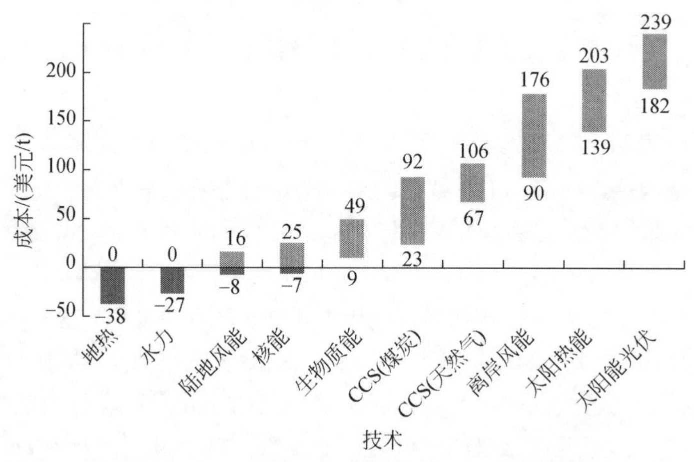

图1-1　发电行业的CO_2避免成本（IEA，2012）

尽管国际主流研究机构的研究均认为CCS的采用会对减排带来成本效应的正向作用，但是涉及具体的工程技术核算时，关于CCS的成本仍然存在较大分歧（表1-1）。一方面，因为CCS技术还未被大规模的采用，多数成本数据来自于不同研究机构的预估以及少数示范项目的核算结果，因此不同文献中CCS技术的成本差异较大。另一方面，CCS是一个链式技术，技术本身包括CO_2捕获、运输和封存三个环节，一体化项目的成本在很大程度上受运输和封存条件影响，因而存在较大差异。

表1-1　已有文献和报告对IGCC（整体煤气化联合循环）及CCS相关成本的估计

PC-CCS	IGCC-CCS	捕获成本	运输成本	封存成本	来源
—	—	18欧元/tCO_2	距离为100km时为12元，200km时为26元	6元/tCO_2	中欧煤炭利用近零排放项目组，许世森，2009

续表

PC-CCS	IGCC-CCS	捕获成本	运输成本	封存成本	来源
0.43 元/kWh	0.52 元/kWh	—	—	—	张斌，倪维斗等，2005
—	—	147 元/tCO_2	8～11 美元/tCO_2	—	陈文颖，2011
—	70.8 美元/MWh	20.73 美元/tCO_2	0.68 美元/tCO_2	—	张建府，2010
—	—	120～180 美元/tCO_2	0.5～7 美元/tCO_2	1～9 美元/tCO_2	McCoy & Rubin，2008
总成本为 196 美元/tC	总成本为 90～137 美元/tC	—	500km 时为 45 美元/tC，250km 时下降到 28 美元/tC	—	Riahi et al.，2009
—	—	25～32 欧元/tCO_2	4～6 欧元/tCO_2	4～12 欧元/tCO_2	Mckinsey，2008
66.35 欧/MWh	—	—	3.15 欧元/tCO_2	3.29 欧元/tCO_2	Lohwasser & Madlener，2012

注：Zhu et al.（2015）收集整理，“—”表示来源中未涉及。

能源消费总量的持续增长和以煤为主的能源结构，是我国产生大量 CO_2 排放的主要原因。长期以来，我国发电用能结构以煤为主，煤电比例一直高居 70% 以上，并且多数新增煤电装机（超临界和超超临界机组）是在 2005 年之后投入使用。面对全球应对气候变化的努力，中国作为负责任的大国，提出了自愿性的减排承诺。2009 年中国政府提出：“2020 年单位 GDP 碳排放强度比 2005 年下降 40%～45%”，国家“十二五”规划又提出：“2015 年碳排放强度下降 17%”，2014 年，我国在“国家自主贡献”中提出将于 2030 年左右使 CO_2 排放达到峰值并争取尽早实现，2030 年单位 GDP CO_2 排放比 2005 年下降 60%～65%。此外，《能源发展战略行动计划 2014—2020》中提出，到 2020 年一次能源消费总量控制在 48 亿吨标准煤左右，煤炭消费总量控制在 42 亿吨左右。在这些目标的约束下，一方面，为实现非化石能源占一次能源消费的比重目标，在清洁能源和可再生能源方面我国需要有大量的投资，以减少对化石能源的依赖，进而控制温室气体排放；另一方面，我国需要继续投资化石能源技术，提高能源利用效率以保障国内能源供应及支持经济发展。

我们需要看到，为控制国内温室气体排放，我国制定了十分严格的排放控制目标，但即使 2030 年达成了在能效提高、可再生能源等方面的目标，依然有超过 50% 的能源生产需要依赖煤炭等化石能源，因此 CCS 对于我国应对气候变化有着特殊的战略意义。我国已经开始关注 CCS 技术的发展，并结合本国实际，在 CCS 的基础上提出了 CCUS，即 CO_2 的捕集、利用与封存。CCUS 是在 CCS 基础上增加了 CO_2 利用的环节，主要方式包括利用 CO_2 驱油、精制食品级 CO_2 以及其他工业利用方式。2011 年以来，国家出台了一系列 CCUS 技术发展支持政策。例如，2011 年 12 月国务院印发《“十二五”控制温室气体排放工作方案》，明确提出在火电、煤化工、水泥和钢铁行业中开展碳捕集试验项目，建设二氧化碳捕集、驱油、封存一体化示范工程，并对相关人才建设、资金保障和政策支持等方面做出安排。2012 年国家发展和改革委员会出台《煤炭工业发展“十二五”规划》，明确指出：支持开展二氧化碳捕集、利用和封存技术研究和示范。《“十三五”国家科技创新规划》指明了 CCUS 技术进一步研发的方向。多个相关政策的出台表明国家高度重视与支持 CCUS 减排和示范应用。

经济可行性是决定 CCS/CCUS 是否可以得到大规模推广的关键因素。因为 CCS 技术特点（需要额外耗能以满足 CO_2 的捕获、运输与封存），采用该技术之后会使电厂发电成本上升。积极发展 CO_2 的利用可以在很大程度上提高 CCS 的技术经济性，进而提高技术的吸引力和竞争力。如前所述，因为技术的不成熟，对于 CCS 技术的成本估计分歧结果很大，而技术经济性评价又是该技术能否成功获得融资的重要衡量标准。经济性评价离不开成本核算，给出一套较为完整的 CCS 技术成本核算方法，是本书的重要写作目的之一。

1.2 CCUS 成本分类

从项目本身来看，CCUS 项目是一类应对气候变化的资本项目，其成本的核算可以遵循一般资本性项目的成本分类方法。因此这里对 CCUS 成本分类的介绍将主要从国内和国际两个方面展开，国内方面主要基于《建设项目经济评价的方法与参数》，国际方面将结合一些研究机构发布的 CCUS 项目成本分类研究进行介绍。

1.2.1 国内的资本项目成本分类

目前国内资本项目经济分析一般将国家发展和改革委员会和住房和城乡建设部联合发布的《建设项目经济评价的方法与参数》（第三版）作为指南，资本项目的支出核算按以下体系进行。

项目支出包括项目投资和成本费用。

1. 项目投资的核算

项目投资有两种核算口径：项目总投资和建设投资。

1）项目总投资

项目总投资是指项目建设和投入运营所需要的全部投资。项目总投资按下面的公式进行核算：

项目总投资=建设投资+建设期利息+流动资金

建设投资指项日的建设期间的资本性支出，也是项目投资的主体；建设期利息系指筹措债务资金时在建设期内发生，并允许计入固定资产原值的利息，即资本化的利息；流动资金是指项目在运营期内占用并周转使用的营运资金。

2）建设投资

建设投资包括工程费用、工程建设其他费和预备费三部分。工程费用是指直接构成固定资产实体的各种费用，可以分为建筑安装工程费和设备及工器具购置费；工程建设其他费是指根据国家有关规定应在投资中支付，并列入建设项目总造价或单项工程造价的费用。预备费是为了保证工程项目的顺利实施，避免在难以预料的情况下造成投资不足而预先安排的一笔费用。项目建设投资的具体构成内容如图 1-2 所示。

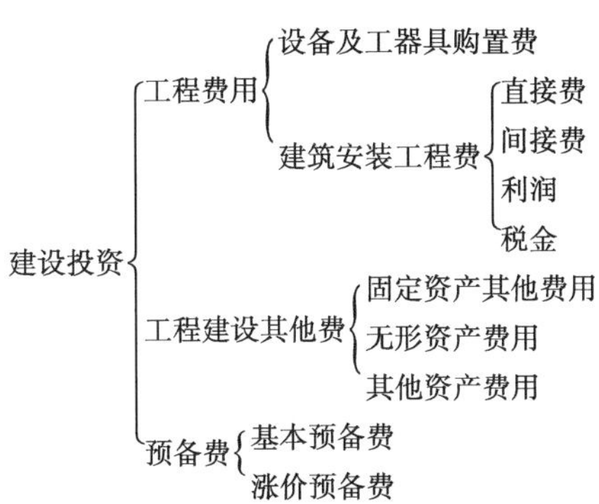

图 1-2　我国现行项目建设投资构成

2. 总成本费用的核算

总成本费用是指项目生产经营期内为生产产品或提供服务所发生的全部费用。总成本费用可以按照下面两种方法进行估算。

1）生产成本加期间费用法

总成本费用=生产成本+期间费用

其中，生产成本是指为提供产品和服务直接支付的成本，可以按照行业特点进行核算。期间费用=管理费用+财务费用（利息支出）+营业费用

2）生产要素估算法

总成本费用=外购原材料、燃料及动力费+工资或薪酬+折旧费+摊销费+修理费+利息支出+其他费用

1.2.2 国际上关于CCS项目的成本核算

成本核算是影响CCS技术经济性评价的主要因素，而目前对CCS成本的界定由于核算方法的不一致，导致CCS的成本信息出现了一定程度的混淆和偏差，这在很大程度上影响了CCS与其他减排技术之间的比较。国际上已有部分机构编写了CCS成本核算的指南，并开发了相应的核算程序，包括电力研究院（Electric Power Research Institute，EPRI）、美国能源部（Department of Energy，DOE）能源技术国家实验室（National Energy Technology Laboratory，NETL）、国际能源署温室气体计划（IEA Greenhouse Gas，IEAGHG）、欧洲零排放平台（Zero Emissions Platform，ZEP）和全球碳捕集与封存研究院（Global CCS Institute，GCCSI）等，但核算方法存在一定差异。在此背景下，2011年，来自不同国家和机构的研究者发起了一个关于CCS成本核算的专门工作组，其主旨即为发展燃煤电厂的CCS核算方法和指南，并于2013年发布了CCS成本核算的白皮书。根据CCS成本核算白皮书，CCS的成本主要包括以下分类：

1. 资本成本的分类

CCS项目的资本成本构成可以参见表1-2。

表1-2 CCS项目的资本成本分类

资本成本项	汇总后的名称	说明
过程设备费用		包括所有的材料和税金（若适用），项目地点所需的设备
支持设备费用		
劳动力（直接和间接）费用		

续表

资本成本项	汇总后的名称	说明
	直接建造成本（Bare Erected Cost，BEC）	
工程服务成本		
	工程－采购－建造（Engineering Procurement Construction，EPC）成本	若适用其他机构发生中间服务成本
不可预见费（过程、项目）		
	总装置成本（Total Plant Cost，TPC）	
业主成本		
——可行性研究		这些业主成本包括一般的工厂或过程安装所发生的费用
——调查		
——土地		
——保险		
——许可		
——融资交易成本		
——预付的税费		
——初始的催化剂和化学品		
——库存成本		
——生产前试车成本		
其他直接与项目现场相关的成本，如非常规的现场改善等		这些业主成本通常因项目而异，即通常认为的边界外的成本
	总隔夜成本（Total Overnight Cost，TOC）	
建设期利息（IDC）		
建设期的成本增加		
	总资本需求（Total Capital Requirement，TCR）	

总资本需求

=总隔夜成本+ 建设期利息+建设期的成本增加

=总装置成本+业主成本+其他直接与项目现场相关的成本+建设期利息+建设期的成本增加

=工程–采购–建造成本+不可预见费+业主成本+其他直接与项目现场相关的成本+ 建设期利息+建设期的成本增加

=直接建造成本+工程服务成本+不可预见费+业主成本+其他直接与项目现

场相关的成本+ 建设期利息+建设期的成本增加

=过程设备费用+支持设备费用+劳动力（直接和间接）费用+工程服务成本+不可预见费+业主成本+其他直接与项目现场相关的成本+ 建设期利息+建设期的成本增加

其中，直接建造成本是所有的成本估算的核心，它包括有项目所需的过程设备的成本，所有为完成项目安装所需要的材料和劳动力的成本，项目所需的其他支持设备的成本。

工程-采购-建造成本，其他工程服务的成本通常可以根据直接建造成本的比例进行估算，这些工程服务费用加上直接建造成本构成了工程-采购-建造成本。这一成本被一些机构如 ZEP 用到。

不可预见费，也即预备费，主要是用于对抗项目实施过程中的各种不确定性。

2. 运营和维护成本的分类

运营和维护成本包括两类：固定成本和变动成本，详见表 1-3。

表 1-3　建议的电厂 CCS 项目的运营和维护成本分类

运营和维护的成本项	汇总后的名称	说明
运营的劳动力		
维护的劳动力		
行政和支持的劳动力		
维护材料		
财产税		
保险		
	固定成本	
燃料		
其他消耗品		包括所有用于项目的材料
——催化剂		
——化学品		
——辅助燃料		
——水		
废弃物处置（除 CO_2 以外）		
CO_2 运输		可变资本成本项，取决于项目范围
CO_2 封存		

续表

运营和维护的成本项	汇总后的名称	说明
副产品销售（额度）		
排放税（额度）		在有或者无 CCS 时支付的税（或收到的额度）
	变动成本	

1.3 国外成本分析的几种方法

目前 CCS 的经济模型的研究比较多，较为主流的是 IEA 模型、Battelle-PNNL 模型、Carnerge 大学模型。另外，对于 CCS 技术链中某一个或几个技术要素的经济分析也比较多，包括 CCS 技术改进（Zanganeh and Shafeen，2007；Viebahn et al.，2007；Davison，2009；Hetland et al.，2009；Aspelund and Gundersen，2009；Escosaa and Romeo，2009）、CCS 技术对大气可能造成的影响分析（Odeh and Cockerill，2008）、CO_2 运输管道设计（Seevam et al.，2008）、捕获气体体积性质（Li and Yan，2009）等。这也体现了提高 CCS 技术经济性和适用性是目前 CCS 技术发展最为关键的环节。

考虑到 CCS 存在的诸多不确定因素，针对单个投资项目，很多研究基于期权方法，研究了 CCS 项目层面的投资评价问题（Abadie and Chamorro，2008；Fuss et al.，2008；Fleten and Näsäkkälä，2009；Heydari et al.，2010；Zhou et al.，2010）。但是因为这些学者的建模是针对不同的 CCS 技术投资评价问题，总的来看，尽管这些模型都考虑了 CCS 投资所面临的不确定性，但是受实物期权建模方法的限制，这些模型的适用度并不高，无法形成一个较为普适的 CCS 项目层面的评价方法框架。在存在不确定因素时，目前并没有一个模型或方法可以很好地刻画包括多个利益相关方的 CCS 一体化技术经济性评价问题。

从分析指标上看，在国际 CCS 研究中有几种分析和报告 CCS 成本的指标：分别是平准化发电成本（levelized cost of electricity，LCOE）、第一年发电成本（the first-year cost of electricity）、CO_2 的减排成本（the cost of CO_2 avoided）、CO_2 的捕集成本（the cost of CO_2 captured）。

1.3.1 平准化发电成本

平准化发电成本被广泛应用于定义电厂生命周期中发电的单位成本。IEA 认为“LCOE 是比较不同技术在经济寿命中单位成本的有用工具”。LCOE 的公式如下：

$$\mathrm{LCOE}=\frac{\dfrac{\sum\limits_{t-1}^{N} I_t+M_t}{(1+r)^t}}{\dfrac{E_t}{\sum\limits_{t-1}^{N}(1+r)^t}}$$

其中，r 为折现率；N 为电厂的生命周期；t 为年份；I_t 为第 t 年的投资成本；M_t 为第 t 年的运行和维护成本；E_t 为第 t 年的发电量。

1.3.2　第一年发电成本

在最近几年，一些组织报告 CCS 成本也使用第一年发电成本的指标，最著名的是 DOE/NETL。

第一年发电成本与平准化发电成本具有相同的思想和计算程序，在特定的假设下，其数值也相同。

1.3.3　CO_2 的减排成本

在有和无 CCS 装置的电厂中使用 CO_2 排放率和平准化发电成本，CO_2 的减排成本被广泛应用于 CCS 成本研究的报告中。它将一个装有 CCS 装置的电厂和无 CCS 装置的参考电厂进行比较，计算 CO_2 的减排成本。其计算公式为

$$CO_2\text{ 的减排成本}=\frac{\mathrm{LCOE_{CCS}}-\mathrm{LCOE_{ref}}}{(\mathrm{tCO_2/MWh})_{\mathrm{ref}}-(\mathrm{tCO_2/MWh})_{\mathrm{ccs}}}$$

其中，LCOE 为平准化发电成本；tCO_2/MWh 为每 MWh 发电量的 CO_2 排放量；下脚标 CCS 和 ref 表示有 CCS 的电厂和没有 CCS 的参考电厂。

1.3.4　CO_2 的捕集成本

CO_2 的捕集成本也在 CCS 成本报告中经常被使用，这一指标不考虑 CCS 的运输和封存成本，而仅量化进入商品市场的 CO_2 的捕集成本。

另外，CCS 的能源需求意味着 CO_2 捕集过程中也将产生额外的 CO_2，这也意味着 CO_2 的捕集成本数值上小于 CO_2 的减排成本。

1.4 成本核算与融资

2009 年，IEA 发布了 CCS 技术路线图，认为 CCS 是低成本温室气体减排组合方案中的重要组成部分。如果没有 CCS，到 2050 年温室气体减半的总成本将增加 70%。路线图预想到 2020 年左右在全球实施 100 个 CCS 项目，到 2050 年达到 3400 个（对应减排量约为 100 亿 t）。实现此规划，需要在 2010～2050 年期间投资 2.5 万亿～3 万亿美元，这大约占 2050 年实现温室气体排放减半所需要的总投资额的 6%。发达国家需要在未来十年期间年均投资 35 亿～40 亿美元来领导全球 CCS 的发展。但是，CCS 技术必须通过加强国际合作快速扩展到其他国家，并且未来十年内发展中国家需要为 CCS 示范项目每年融资 15 亿～25 亿美元。2050 年，中国 CCS 技术减排的 CO_2 量接近 20 亿 t。

2013 年，考虑到 CCS 技术的实际发展情况，IEA 发布了新版 CCS 技术路线图，CCS 项目 2020 年目标从 100 个剧减为 30 个示范项目。而实际实施情况是预计到 2020 年仅有 13 个大型项目，年封存量从 30 000 万 t 下降到 6300 万 t。2007～2012 年，累计投入 CCS 示范 102 亿美元，绝大部分已投入资金来自于北美政府及公共资金。由于 2020 年前预期的示范项目减少 70%，因此每年投入的预期资金也大幅减少。考虑到 CCS 项目需要大规模的前期资本投入，并且具有较高的运营成本，未来 CCS 项目开发中仍然面临巨大的资金缺口。

在当前的法规和经济环境下，由于 CCS 将导致效率降低、成本上升、能量产出减少，商业电厂和工厂不会主动投资 CCS。虽然部分地区已经立法规范碳排放并确立了 CO_2 排放权的价格，但减排收益并不足以弥补 CCS 的成本。为此，近期的 CCS 示范项目还需要资金支持，而未来中长期 CCS 技术的推广则需要额外的资金激励机制。一系列政策和融资机制可以被用于提高新能源技术的投资，但是只有少数机制可以被用于 CCS 技术。关于融资，我们会在后面的章节中进行具体的讨论。

第 2 章

CCUS 项目成本核算原则

CCUS 项目全流程的发展需要不同利益相关方的合作。为了更清楚地了解 CCUS 项目实施的成本，做好决策支撑，本章结合项目研究成果，对全流程一体化的 CCUS 示范项目成本核算方法进行介绍。在对 CO_2 捕获、运输和封存各个环节的成本进行核算的基础上，本章针对全流程的 CCS-EOR 项目，展示两种利益相关方（电厂和油田）的收益-风险分析。两者之间的联系（在捕获与利用中）反映在合同设计中关于价格制定和成本分担的条款中。模型在考虑不确定性因素和不同利益相关方的运营灵活性后，可以分别评估 CCS-EOR 项目中电厂和油田的收益与风险。因为模型采用 Monte-Carlo 方法进行数值模拟计算，我们提出的成本核算方法具有很好的灵活性和适用性。在完成项目成本核算的基础上，还可以帮助 CCS 价值链中不同的利益相关方更好地识别其收益与风险水平，以支持其在全流程的 CCS 项目中相关方之间关于成本与风险的分担。

2.1 核算基本原则和思想

2.1.1 成本核算的基本原则

对于 CCUS 项目成本的核算，有以下原则：

（1）增量性原则。对于 CCUS 项目的成本，仅核算因增加 CCS 装置带来的成本，不考虑电厂原有的建设成本及发电设施等成本。

（2）收付实现制原则。核算每期的项目成本时考虑实际发生的现金流量，不考虑折旧、摊销等。

（3）市价计价原则。默认在建设及运营活动中消耗的材料为当期购买，计算材料消耗成本时按照材料当期的市场价格计算。

（4）分期核算原则。计算 CCUS 项目的成本时，应将项目的建设运营划分为不同的时期，分别计算各期的成本与收益。我们以一年为一期，核算当期的现金流。

2.1.2 CCUS 成本核算的基本思想和边界确定原则

CCUS 全流程项目分为三个模块：捕集、运输、封存与利用，成本主要包括这三部分在建设期及运营期的成本。在 CCUS 各个环节的技术确定之后，我们将对 CCUS 总体经济性进行汇总。CCUS 成本的边界如图 2-1 中虚线所示，包括建设期成本和运营期成本。边界确定原则如下：

（1）相关性原则。成本边界内发生的成本均与 CCUS 的某个环节相关，成本由捕集、运输或封存中某个工艺流程带来，与之不相关的成本不在成本边界内，如电厂的发电成本。

（2）全面性原则。成本边界内有 CCUS 中捕集、运输、利用与驱油所有环节在建设期和运营期的成本，既包括工艺流程直接带来的成本，又包括间接导致的成本。如由于捕集 CO_2 导致的电力输出损耗，也应计入捕集环节的成本。

（3）兼顾技术成本与经济成本。核算 CCUS 项目成本时，应全面考虑项目带来的成本，不仅包括技术本身所需的建设运行费用，还应包括项目建设的资金成本、所缴纳的税金等成本。

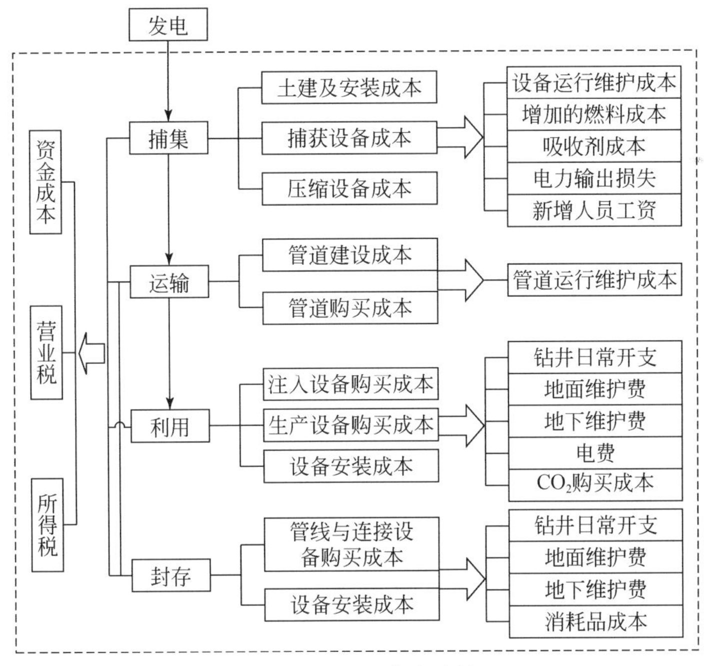

图 2-1　CCUS 成本边界

图 2-2 是 CCUS 方案经济性计算中，针对 CO_2 管道运输与咸水层封存、CO_2-EOR 的经济分析模块。同捕获模块一样，每个单独模块的经济性计算方法我们将具体介绍。

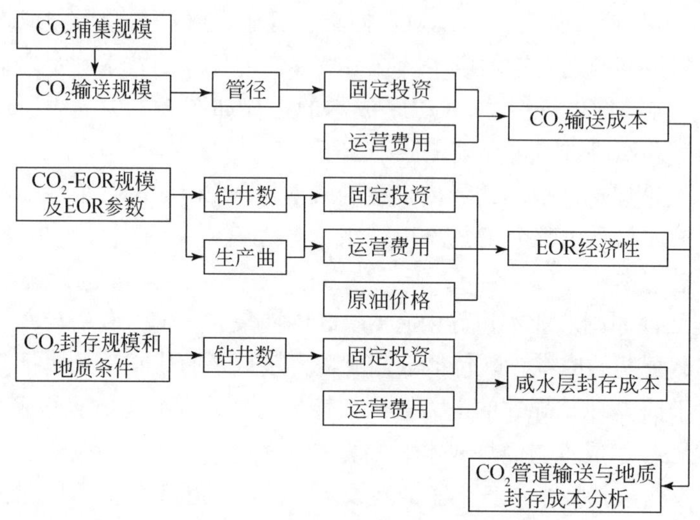

图 2-2　CCUS 经济性分析方法

2.2　CCUS 成本边界确定原则

CCUS 包括 CO_2的捕集、运输和封存、利用三个主要环节，在捕集方面，我们主要采用增量成本界定原则，即核算电厂在进行 CCS 改造及运营增加的所有成本。运输和封存方面，将根据一般工程项目成本核算方法进行核算。在 CO_2利用方面，除核算成本外，我们还会考虑利用产生的收益对成本的抵消。具体的边界确定原则我们将会在接下来各章中进行详述。

2.3　核算指标体系

CCUS 全流程项目涉及多个利益相关方（运营主体、金融机构、政府），本章从不同利益相关方角度出发，对该项目进行核算。需要说明的是，CCUS 项目的运营主体包括电厂、油田，从整体角度进行核算与对电厂和油田分别核算的结果会有较大差异，本书对两种核算方法分别作了讨论。

2.3.1 整体核算

从整体角度出发，假设由一个主体运营 CCUS 的全部流程，将 CCUS 全流程项目视为一个整体，基于整体项目的现金流量，进行核算。

首先需要核算项目每年的现金流量。现金流入包括项目筹集的资金、因捕集 CO_2 带来的核证减排量的收入和利用 CO_2 驱油获得的原油的收入，现金流出包括捕集、运输、利用与封存的建设及运营成本。关于各流程的成本，将分别在第 3、4、5 章进行详述。

对于项目的运营方，主要关注项目的盈利情况，盈利情况可使用净现值、项目回收期、内含报酬率来表示。具体计算方法见第 7 章。

对于金融机构，为项目提供贷款，主要关注项目的风险，关注投入的资金能否收回，因此可用项目的利息保障倍数来衡量项目在资金方面的风险。具体计算方法见第 7 章。

对于政府，主要关注低碳能源项目的社会效益，即项目的减排效果。对于 CCUS 项目的社会效益，本书使用单位减排量所需公益资金来衡量，具体计算方法见第 7 章。

2.3.2 不同利益相关方分别核算

目前在中国，大部分电厂与油田是属于不同的运营主体，因此有必要分别对电厂和油田的成本和收益进行核算。在分别核算时，需要考虑电厂与油田之间的 CO_2 交易及其产生的成本。同时，需要考虑 CO_2 运输成本及 CO_2 直接封存成本在电厂与油田之间的分配问题，分配问题将在第 7 章进行详细讨论。

对于电厂，现金流入包括项目初期筹集的资金，因捕集 CO_2 带来的核证减排量的收入和售卖 CO_2 给油田的收入。成本包括捕集带来的成本，运输带来的成本中由电厂承担的部分及 CO_2 直接封存成本中由电厂承担的部分。对于油田，现金流入包括项目初期筹集的资金及使用 CO_2 驱油而得的收入。现金流出为 CO_2 的购买成本、驱油的成本，运输带来的成本中由油田承担的部分及 CO_2 直接封存成本中由油田承担的部分。

对于电厂和油田，主要关注项目的盈利情况，可使用净现值、项目回收期、内含报酬率来表示。

对于金融机构和政府，核算体系与整体核算一致。

2.4 数据来源和不确定性处理方法

2.4.1 数据来源

我们在成本核算中所用到的数据，主要有三个来源：①国内示范项目的实地调研数据；②相关同类设备的成本数据；③国内外文献调研数据。具体的数据取值及来源，我们会在接下来具体的案例分析中进行详细介绍。

2.4.2 不确定性处理方法

在项目的现金流核算中，我们考虑了 CCUS 全流程项目中不同因素的潜在风险对项目价值核算的影响。项目执行过程中的不确定因素主要来自两个部分：①项目本身的不确定性，包括项目运行中的各项成本；②市场的不确定性，包括油价、CO_2价格、电价、燃料价格。对于这些不确定性参数，我们通过经验取值及历史数据，分别给出其服从的概率分布。为了分析项目中存在的不确定性因素对项目的影响，我们采取蒙特洛模拟的方法，模拟得到各评价指标的概率分布。即根据给出的不确定性因素的分布 F_1，F_2，…，F_n，生成 n 个随机数 x_1，x_2，…，x_n，计算项目的净现值（G（x_1，x_2，…，x_n））。重复上述步骤 M 次，得到各评价指标的 M 个样本，依据 M 个样本，得到项目中各核算指标近似的概率分布。

2.5 经济和技术假设

在我们研究中，项目寿命假定为 20 或 30 年，所有费用均按照 2005 年美元汇率计算。如果项目费用以中国货币计算，则对美元的换算则按照人民币和美元 6.5∶1 的汇率。假设每年 10% 的折现率，导致每年资本支出率为 11%。使用其他基准年货币，相比采用经过消费者物价指数调整的 2005 年基准货币计算的费用将增加或缩小。

技术假设部分中的设备选择、成本参数、折旧等我们将会在接下来的 CO_2 捕集、运输和封存各个部分的成本核算中进行详细介绍。

第3章 捕集成本核算分析

3.1 捕集边界和模型影响因素

3.1.1 CO_2 捕集技术

CO_2捕集过程的成本和能耗占 CCS 全环节成本和能耗的 70% ~80%，是 CCS 的关键环节和研发焦点。CO_2捕集能耗代价的高低用电厂发电效率的下降程度来衡量，捕集 CO_2的电厂相对于无 CO_2捕集的电厂的效率的降低即为 CO_2捕集能耗代价，通常表述为“降低若干百分点”。当前 CO_2捕集的主要方法包括燃烧后捕集、燃烧前捕集和富氧燃烧捕集。

1）燃烧后捕集技术

燃烧后分离是最早提出的 CO_2捕集技术，是从化石燃料燃烧产生的烟气中分离 CO_2。由于燃烧后分离过程位于发电系统的尾部，因此无需改动发电设备本体即可实现，具有原理简单、适应性广、技术难度低等优势，适合已建成电厂的 CCS 改造。但是，捕集能耗高（发电效率要降低 8 ~13 个百分点）是燃烧后分离的最主要缺陷。目前全球公布的 CCS 示范项目中 70% 采用了燃烧后捕集技术，其中华能北京高碑店电厂及上海石洞口电厂的 CO_2捕集工程均为燃烧后捕集。

2）燃烧前捕集技术

燃烧前捕集技术也被称为燃料脱碳，其基本原理在于将化石燃料中的碳通过变换反应转化为 CO_2，然后从变换后的燃料气中捕集 CO_2。燃烧前捕集技术仅能应用于 IGCC 电厂。与燃烧后捕集相比，燃烧前捕集 CO_2的能耗较低（发电效率降低 7 ~10 个百分点）且具有进一步降低能耗、提高效率的潜力，这是燃烧前捕集技术的最主要特点。目前，欧美发达国家已经有了商业运行的 IGCC 电厂，但尚无建成的燃烧前捕集 CO_2的示范工程。建设中的华能天津大港 IGCC 示范工程（装机容量 25 万 kW）是我国首套 IGCC 发电机组。

3）富氧燃烧捕集技术

富氧燃烧捕集技术先将氧气从空气中分离出来，而后将高纯度的氧气送入燃烧过程，从而避免了氮气对 CO_2 的稀释作用。富氧燃烧过程产生的烟气只有 CO_2 和水蒸汽，因此无需分离过程，直接冷凝即可获得高纯度的 CO_2。富氧燃烧技术可以通过锅炉或燃烧室改造而应用于已建成电厂，成本和能耗高于燃烧前分离 10～12 个百分点。目前富氧燃烧的研究热点集中在高效空分工艺、燃烧稳定性和惰性气体净化等方面。

3.1.2 捕集增量成本的定义

增量成本是指电厂在进行 CCS 改造时所增加的所有成本。本核算方法中将增量成本分为初始投资增量成本和年运行费用增量成本。其中初始投资增量成本是改造初期需要一次性投入的资金，年运行费用增量成本是改造完成后持续每年需要投入的资金。

3.1.3 增量成本的边界

如图 3-1 所示，CO_2 捕集单元增量成本的边界为虚线所示，包括 CO_2 分离装置（主要包括吸收塔和解析塔）和 CO_2 压缩装置。解析塔所需要的热来自电厂的

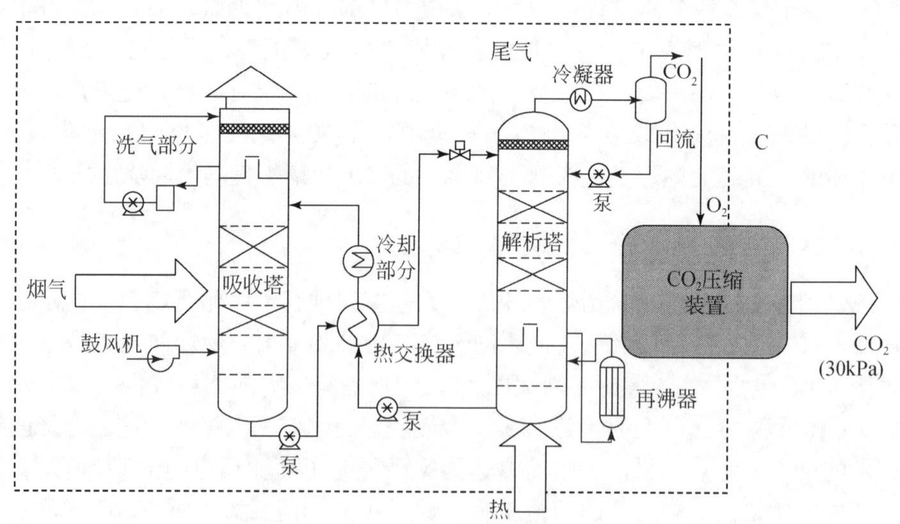

图 3-1　CO_2 捕集装置增量成本边界

蒸汽，按照内部成本价格进行计算。进入捕集系统的烟气以电厂排出时的参数为标准。CO_2压缩装置通常采用多级压缩并间冷的方式，其中 CO_2的最终排放压力为 30kPa，对温度没有具体要求，通常为 50°C 左右。

3.1.4 确定增量成本的影响因素

本方法将影响增量成本的因素分为一次性投入增量成本因素和持续投入增量成本因素。

1）一次性投入增量成本

（1）设备增加成本：新增加的 CO_2捕集装置的各个设备的成本总和，包括购买和安装费用。新增设备主要包括吸收塔、解析塔、CO_2压缩机、换热器、泵、风机、冷却器、管道等设备。

（2）原有设备改造成本：由于增加 CO_2捕集装置而需要对原有电厂设备进行改造的费用。改造设备主要包括汽轮机抽气改造、余热锅炉改造、管道改造、电厂控制系统改造等。

（3）土建成本：增加 CO_2捕集装置所需要的土地的成本。土建主要包括土地成本、建筑成本、修路成本等。

2）持续投入增量成本

（1）新增设备年运行维护成本：增加的 CO_2捕集装置每年的运行维护费用。

（2）新增年人工成本：CO_2捕集装置运行维护的人员费用。

（3）每年消耗的蒸汽价格：该价格按照电厂提供蒸汽的成本价计算，即内部核算价，该价格反映了改造后引起的电厂煤耗和发电量的变化。

（4）年发电量的变化引起的盈亏：由于增加了 CO_2 捕集装置引起的年发电量变化，包括两个方面：装机容量的减小和政策上给予年发电计划的改变；由于发电量改变引起的利润的变化。

3.2 燃烧后捕集与 IGCC 燃烧前捕集成本核算

如前所述，燃烧后捕集与 IGCC 燃烧前捕集技术特点比较类似，即都是在原有电厂的基础上增加捕集装置，对原有电厂的改动较小。因此这两种技术的基本成本构成类似。总成本费用（即含贷款利息的年度化成本）包括生产成本和财务费用两部分，本核算方法主要从生产成本角度进行成本核算。

3.2.1 燃烧后捕集的成本构成

燃烧后捕集基本流程如图3-2所示：

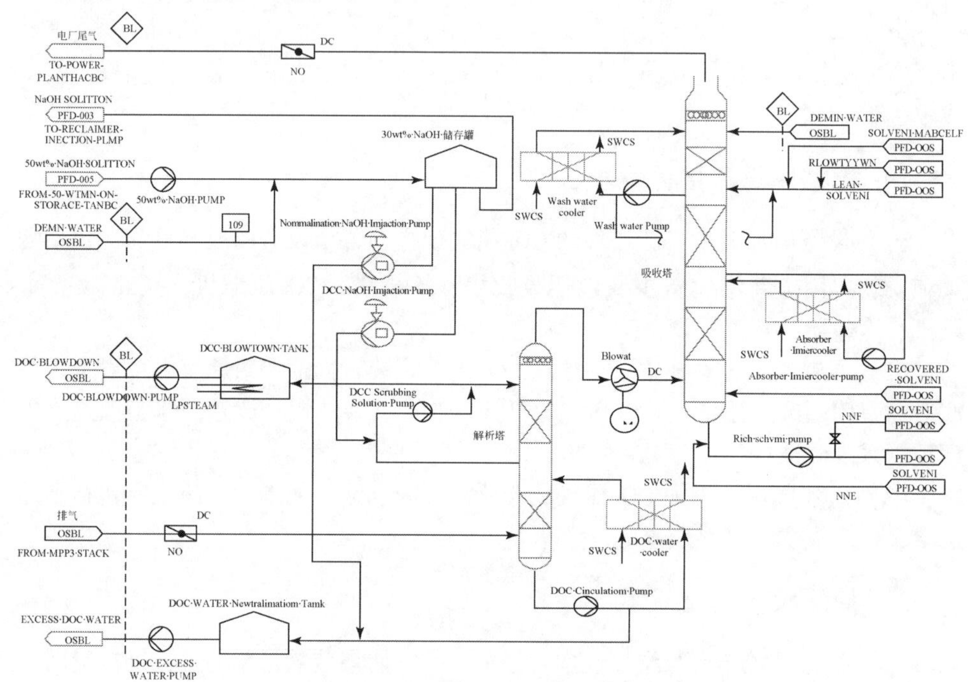

图3-2 燃烧后捕集基本流程图

1）总投资成本

总投资成本由建筑工程费、设备购置费、安装工程费、基本预备费、其他费用、差价预备费、建筑期贷款利息和生产流动资金构成（图3-3）。

2）总成本费用

总成本费用（即含贷款利息的年度化成本）包括生产成本和财务费用两部分，具体构成见图3-4。

本核算方法主要关注生产成本，生产成本主要包括：

（1）燃料费。包括生产电能所耗用的各种燃料的费用。燃煤火电厂燃料主要为煤、油等、燃料的实际价格包括购买价、运杂费、驻矿人员差旅费、运输途中的定额损耗。

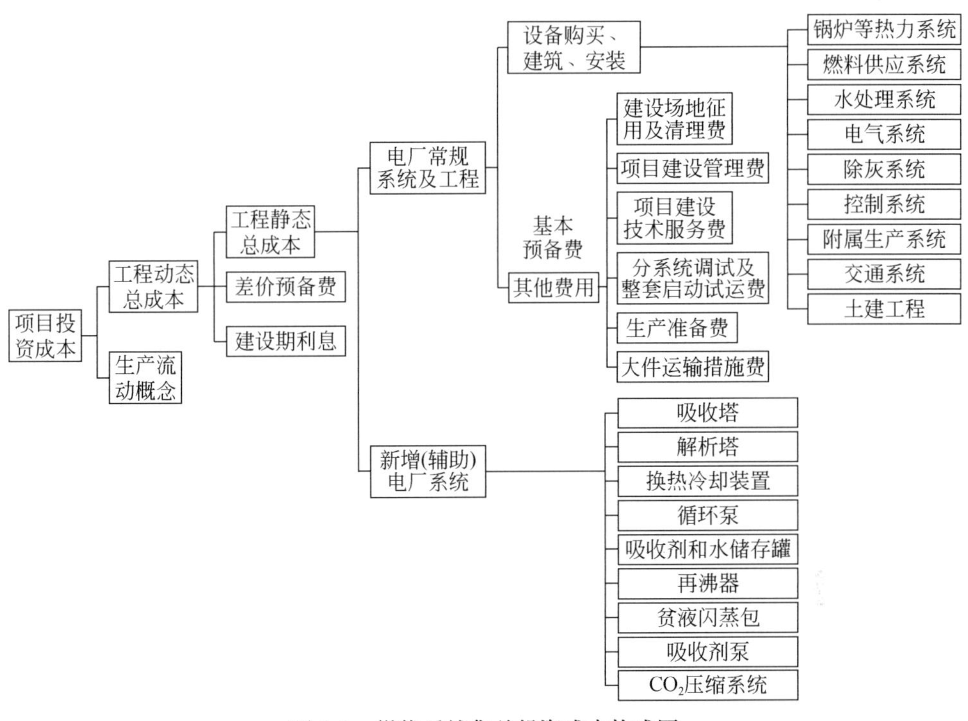

图 3-3　燃烧后捕集总投资成本构成图

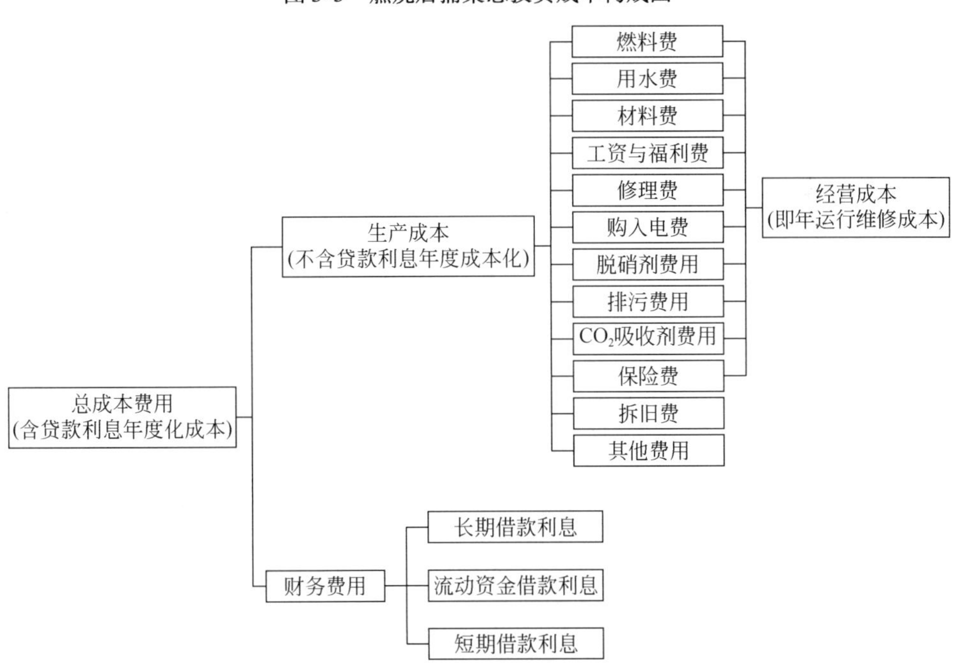

图 3-4　燃烧后捕集总成本费用构成图

$$燃料费 = \sum(入炉煤标准价格 \times 供电标准煤耗) \times 比例$$

（2）购入电费。由于某些原因，如发电设备检修或机组启停机低负荷时，发电企业需要从电网公司购入部分有功电量所支付的费用。

（3）水费。水费主要指发电供热成产用水的外购水费。

$$水费 = 年耗水量 \times 单价$$

（4）材料费。指生产运行、维修和事故处理所耗用的材料、备品、低值易耗品等。

$$材料费 = 每千瓦发电设备所耗材料费 \times 机组额定容量$$

（5）工资及福利费。工资及福利费指按规定列入电产品成本的职工工资、奖金、津贴、补贴等按企业职工工资总额与规定比例提取的职工福利费。

$$工资及福利费 = 人均年工资 \times 职工总数 \times (1+14\%)$$

（6）折旧费。指企业的固定资产按规定的折旧计提的折旧费。

$$折旧费 = 固定资产原值 \times 综合折旧率$$

（7）修理费，也称固定资产修理费。该项目可以综合列入成本项目，也可以分别列入材料费、工资及福利费、其他费用等成本项目。

（8）其他费用。指不属于以上各项目而计入产品成本的其他费用，其他费用也称管理费用，是行政管理部门为管理和组织经营活动而发生的各项费用。

3.2.2 IGCC 燃烧前捕集的成本构成

IGCC 燃烧前捕集系统的基本流程如图 3-5 所示。

1）总投资成本

总投资成本由建筑工程费、设备购置费、安装工程费、基本预备费、其他费用、差价预备费、建筑期贷款利息以及生产流动资金构成（图 3-6）。

与燃烧后捕集相比，燃烧前捕集成本的变化主要体现在，由于煤炭先气化再燃烧发电，因此取消了燃煤锅炉等热力装置。由于煤气化后产生的合成气十分清洁，取消了除尘装置，增加了富氢燃气轮机发电装置，空分装置以及煤气化装置。新增的 CO_2 捕集系统中，主要增加了 Shift 反应器和 Selexol 脱除 CO_2 装置。

2）总成本费用

燃烧前捕集的总成本费用与燃烧后捕集类似，包括生产成本和财务费用两部分，具体构成见图 3-7。

由于 IGCC 发电技术产生的合成气十分清洁，无需脱硝等措施，因此相比燃烧后捕集，生产成本中不含脱硝费用和排污费用。

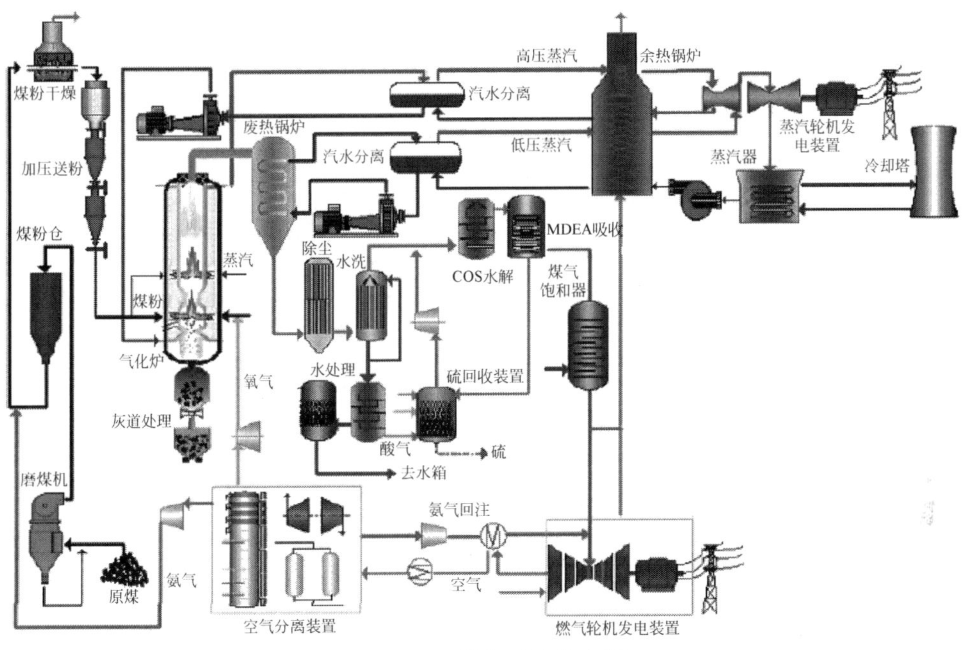

图 3-5　IGCC 燃烧前捕集流程图

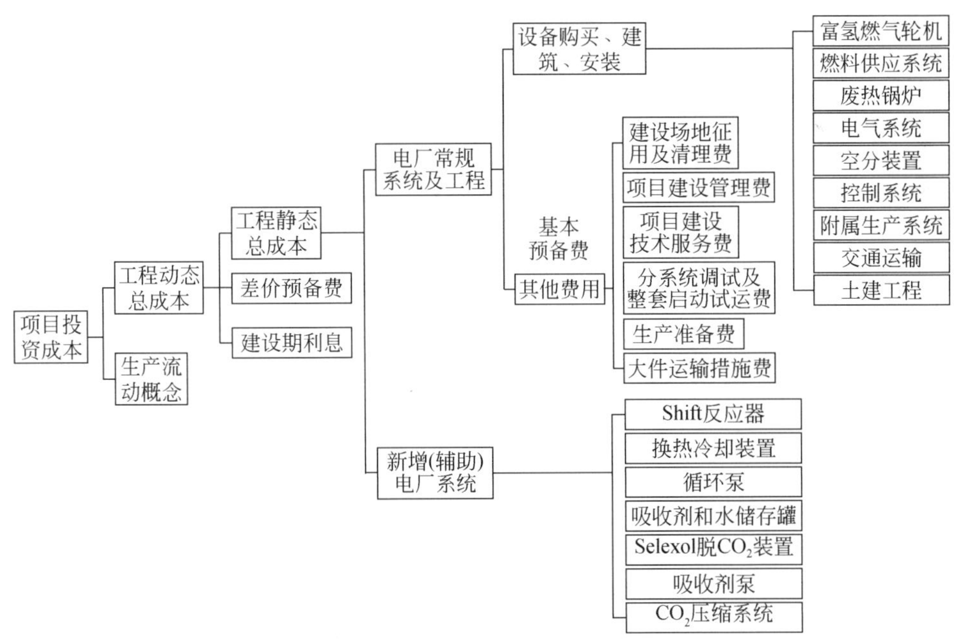

图 3-6　燃烧前捕集投资成本构成图

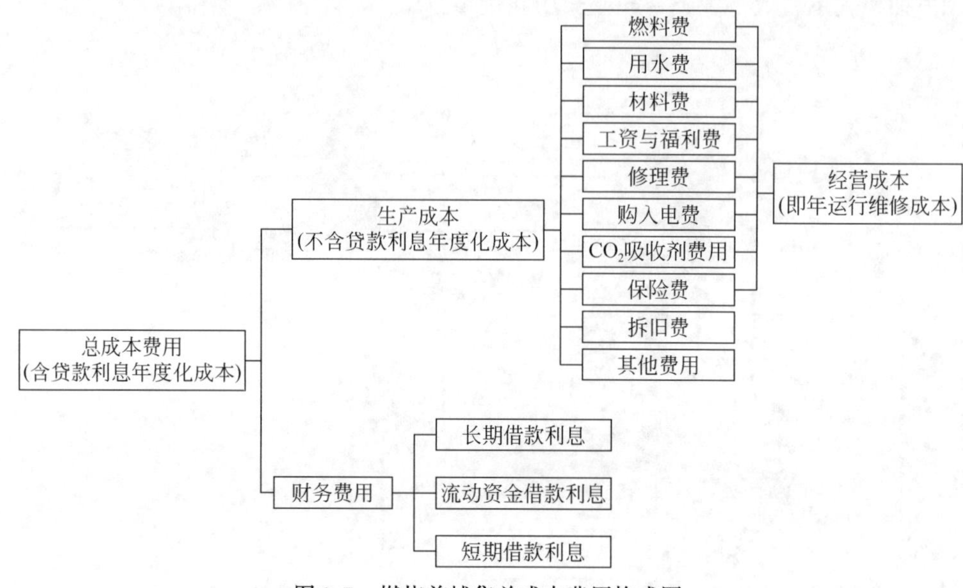

图 3-7　燃烧前捕集总成本费用构成图

3.2.3　燃烧后捕集计算软件

燃烧后捕集计算软件分为数据输入部分、核算设置部分和核算结果部分。

数据输入部分的界面如图 3-8 所示，主要分为设备成本、运行成本和关键技术参数。设备成本既可以分别输入具体每个设备的成本数据，也可以直接输入每个功能装置的总成本。运行成本数据部分则需要输入人工成本、设备维护成本等数据。如果某些数据不能提供，软件还会根据关键技术参数部分的数据自动计算得出。

核算设置部分的界面如图 3-9 所示，需要首先选择核算方法，主要有两种核算方法：详细清单法和类比估算法。使用详细清单法需要在数据输入部分提供详细的成本和技术数据，而类比估算法则适用于无法提供详细数据的情况。如果数据输入部分未能提供足够的数据，软件会自动转换为类比估算法进行计算。核算设置部分的核算条件为必须填写的部分，否则软件无法得出最终核算结果。

核算结果部分的界面如图 3-10 所示，当数据输入部分和核算设置部分的数据填写完毕后，软件会自动计算出核算结果，包括一次性投资、年运行投资、CO_2 捕集成本和 CO_2 捕集能耗。下一步还会根据用户的需求添加更多项计算结果。

燃烧后二氧化碳捕集成本核算

数据输入部分					
设备成本	单位	数量	成本	说明	备注
二氧化碳分离装置			5000000		如无法给出各个具体设备的价格，可以直接填写总价格
吸收塔	个	1	2000000		
解析塔	个	1	3000000		
泵	个	4			
换热器	个	2			
其他					请在说明栏给出具体设备名称
二氧化碳压缩装置			61000		如无法给出各个具体设备的价格，可以直接填写总价格
压缩机	个	2	25000		
冷却器	个	1	36000		
其他					
土建成本			1168080		如无法给出各个具体项的价格，可以直接填写总价格
征地费用	亩	100	360000		
设备配套建筑成本	平方米	150	350080		
道路建设费	米	200	458000		
其他成本					

运行成本	单位	值	说明
人工成本	￥/年	250000	
设备维护成本	￥/年	38000	
消耗蒸汽成本	￥/年	358000	
消耗吸收剂成本	￥/年	36000	

关键技术参数	单位	值	说明
CO2捕集率	%	80	
进入解析塔蒸汽的温度	℃	145	
进入解析塔蒸汽的压力	kPa	300	
出再生塔蒸汽的温度	℃	120	
出再生塔蒸汽的压力	kPa	200	
每吨CO2消耗蒸汽量	kg	1200	
CO2的最终压力	kPa	30	
CO2的最终温度	℃	50	

图 3-8　成本核算软件数据输入部分界面

核算设置部分		
核算方法选择	详细清单法	
核算条件设置	单位	值
设备使用年限	年	15
设备折旧年限	年	30
固定资产形成率		0.95
残值率		0.05
建筑期	年	2
标煤价格	￥/t	650
水价格	￥/t	2
吸收剂价格	￥/t	25000
蒸汽价格	￥/t	200
年工资	￥	60000
运行维修系数		0.02

图 3-9　成本核算软件核算设置部分界面

核算结果部分		
	单位	值
一次性投资	元	450000000
年运行投资	元/年	30200000
CO_2捕集成本	元/t-CO_2	500
CO_2捕集能耗	MJ/t-CO_2	20

图 3-10　成本核算软件核算结果部分界面

3.2.4 IGCC燃烧前捕集计算软件

数据输入部分的界面如图 3-11 所示，同样分为设备成本、运行成本和关键技术参数，但具体的装置与燃烧后不同。

数据输入部分			
设备成本	单位	数量	成本
IGCC装置			500000000
空分装置	个	1	200000000
氧气压缩机	个	1	300000000
氮气压缩机			
煤处理			
变压罐			
输送罐			
气化炉（激冷，水洗）			
气化炉（废锅，水洗）			
废热锅炉			
中压蒸汽包			
高温高压金属过滤器			
洗涤塔			
合成气净化装置			
Selexol脱H2S			
硫回收			
合成气膨胀机			
燃气轮机			
HRSG			
汽轮机			
二氧化碳分离装置			
Shift反应器			
Selexol脱CO_2			
其他			
二氧化碳压缩装置			610000
压缩机	个	2	250000
冷却器	个	1	360000
其他			
土建成本			1168080
征地费用	亩	100	360000
设备配套建筑成本	平方米	150	350080
道路建设费	米	200	458000
其他成本			
设备调试费			100000

图 3-11　数据输入部分界面

核算设置部分与核算结果部分与燃烧后捕集相同（图 3-12）。

核算设置部分		
核算方法选择	详细清单法	
核算条件设置	单位	值
年捕集CO_2量	吨	100000
设备使用年限	年	15
设备折旧年限	年	30
固定资产形成率		0.95
残值率		0.05
建筑期	年	2
年运行小时数	小时	5000
标煤价格	￥/t	650
年耗水量	t/年	100
水价格	￥/t	2
年工资	￥	60000
运行维修系数		0.02
贴现率i		0.05

图 3-12　核算设置部分界面

3.2.5　成本核算软件的核心计算方法

1）类比估算方法

在无法得到各种影响因素的准确数据的情况下，采用类比估算方法。这是一种在项目成本估算精确度要求不高的情况下使用的项目成本估算方法。这种方法也被称为自上而下法，是一种通过比照已完成的类似项目实际成本，估算出新项目成本的方法。有两种情况可以使用这种方法：其一是以前完成的项目与新项目非常相似；其二是项目成本估算专家或小组具有必需的专业技能。

该方法的计算步骤如下：

（1）收集与目标 CCS 电厂采用相同或者相近技术的已有 CCS 电厂经济性数据并进行归纳分类处理。

（2）分析影响估算的因素，如电厂规模、捕集规模、捕集率等。

（3）邀请估算专家根据电厂规模等影响因素分别对一次性投入成本和持续投入成本进行估算，将得出的估算结果输入软件数据库，作为计算参照值。

（4）根据实际输入数据，得出最终的增量成本。

2）详细清单法

详细清单法是一种自下而上法，这种方法首先要给出计算增量成本所需的项目清单，然后再对清单中各项设备和人工等成本进行调研分析，最后向上滚动加总得到增量总成本。这种方法通常十分详细而且耗时但是估算精度较高，它可对每个工作包进行详细分析并估算其成本，然后统计得出整个增量成本。

该方法的计算步骤如下：

（1）列出计算增量成本所需的项目清单，主要分为投资增量成本计算清单和持续投入增量成本。

投资增量成本计算清单主要包括：①设备增加子清单；②原有设备改造成本子清单；③土建成本子清单。

投资增量成本=设备增加 + 原有设备改造成本 + 土建成本

持续投入增量成本计算清单主要包括：①新增设备年运行维护成本子清单；②新增年人工成本子清单；③蒸汽与吸收剂消耗成本；④年发电量的变化引起的盈亏子清单。

持续投资增量成本=新增设备年运行维护成本+新增年人工成本
+蒸汽与吸收剂消耗成本+年发电量的变化引起的盈亏

（2）通过 CCS 示范项目调研、文献收集、权威机构报告分析等方法，得到计算清单中各个项目的成本数据。

（3）邀请行业专家，以讨论会的形式对成本数据进行审阅校核，形成最终计算方法清单。

（4）根据得到的清单中的项目数据，计算出增量成本。

具体计算方法为：

投资增量成本=设备增加成本+原有设备改造成本+土建成本

年运行费用增量成本=新增设备年运行维护成本+新增年人工成本
+年发电量的变化引起的盈亏

单位发电增量成本=（投资增量成本 * ψ+年运行费用增量成本）/年发电量

其中，ψ 为等额支付资金回收系数，$\psi=i/[1-(1+i)^{-n}]$；i 为贴现率；n 为电厂使用寿命（折旧年限）。

实际计算过程中，类比估算法与详细清单法会结合起来使用。整体上会采用详细清单法，当某些子清单的成本数据无法得到时，该子清单部分软件会自动采用类比估算法。

3.3 富氧燃烧成本核算

3.3.1 富氧燃烧项目捕集部分成本构成

电厂项目的支出费用核算主要包括项目总投资成本、总成本费用以及税金。

其中各成本项主要包括：

（1）项目总投资成本。火力发电项目自前期工作开始至项目全部建成投产运营所需要投入的资金总额。

（2）总成本费用。火力发电项目在生产经营过程中发生的物质消耗、劳动报酬及各项费用。

（3）税金。主要包括增值税、城市维护建设税、教育费附加和企业所得税。在本计算方法中暂不作考虑。

1）总投资成本

总投资成本由建筑工程费、设备购置费、安装工程费、基本预备费、其他费用、差价预备费、建筑期贷款利息以及生产流动资金构成（陈燕等，2009）（图3-13）。

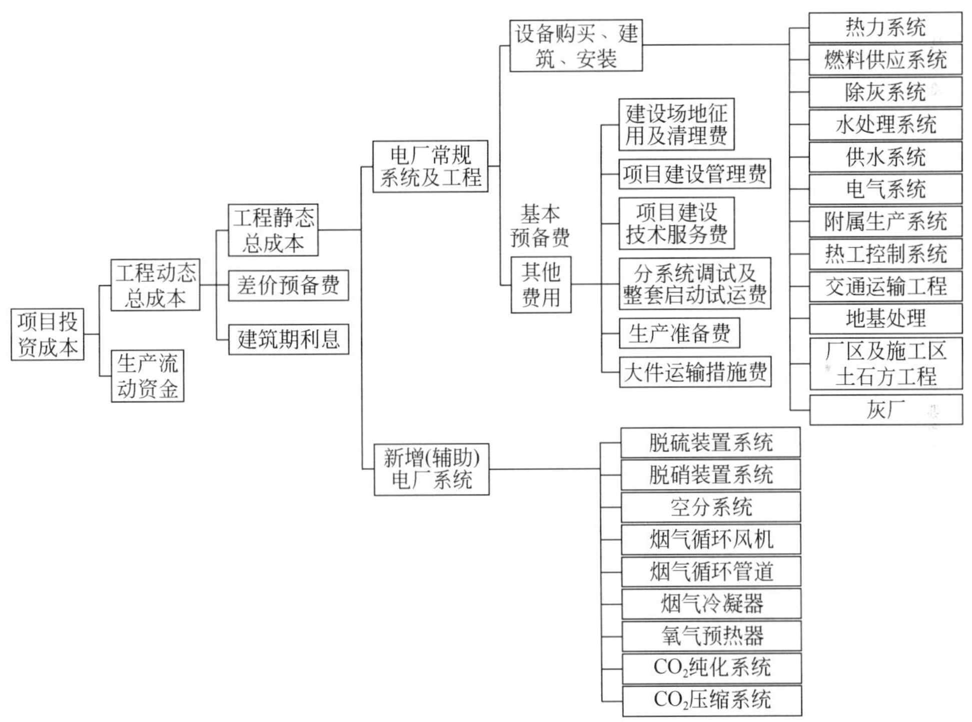

图3-13　富氧燃烧电厂总投资成本构成图

建筑工程费、安装工程费、设备购置费包括：设备原价及运杂费，以及安装工程、土建工程所花费的一切费用。

其他费用包括：建设场地征用及清理费、项目建设管理费、项目建设技术服务费、分系统调试及整套启动试运费、生产准备费以及大件运输措施费。

基本预备费是指针对在项目实施过程中可能发生难以预料的支出，需要事先预留的费用。

差价预备费是指为在建设期内利率、汇率或价格等因素的变化而预留的可能增加的费用。

建筑期利息是指工程项目在建设期间内发生并计入固定资产的利息，主要是建设期发生的支付银行贷款、出口信贷、债券等的借款利息和融资费用。

生产流动资金是指为正常生产运行，维持生产所占用的，用于购买燃料、材料、备品备件和支付工资等所需要的全部周转资金。

其中，差价预备费和建筑期利息称为动态成本。建筑工程费、安装工程费、设备购置费、基本预备费和其他费用之和称为静态投资成本。静态投资成本与动态成本之和称为总动态投资成本。本计算方法暂不考虑动态成本，仅计算到静态投资成本。

富氧燃烧电厂相对于传统燃烧电厂新增加了空分系统、CO_2纯化压缩系统等新系统（图 3-14）。此外，一方面，由于氧气代替空气作为助燃气，烟气中氮氧化物含量减少，在新建富氧燃烧电厂中不再需要脱硝装置；另一方面，进入脱硫设备的烟气量会发生变化，将导致脱硫系统的结构也随之改变。

鉴于以上考虑，该成本计算方法将富氧燃烧项目工程静态成本分为两部分：传统电厂常规系统及相关工程部分和新增/辅助系统部分。

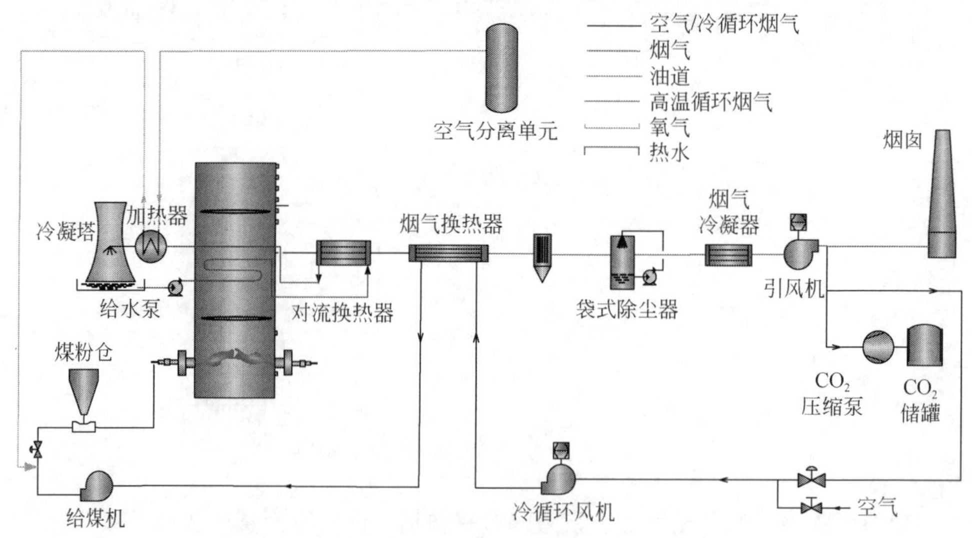

图 3-14　富氧燃烧项目捕集部分流程图

新增/辅助系统由传统电厂辅助系统和富氧新增系统构成。其中，富氧新增系统包括空分系统、烟气循环冷凝系统、氧气预热输送系统、CO_2纯化压缩系统；传统电厂辅助系统包括脱硫装置系统、脱硝装置系统。

2）总成本费用

总成本费用（即含贷款利息的年度化成本）包括生产成本和财务费用两部分（图3-15）。

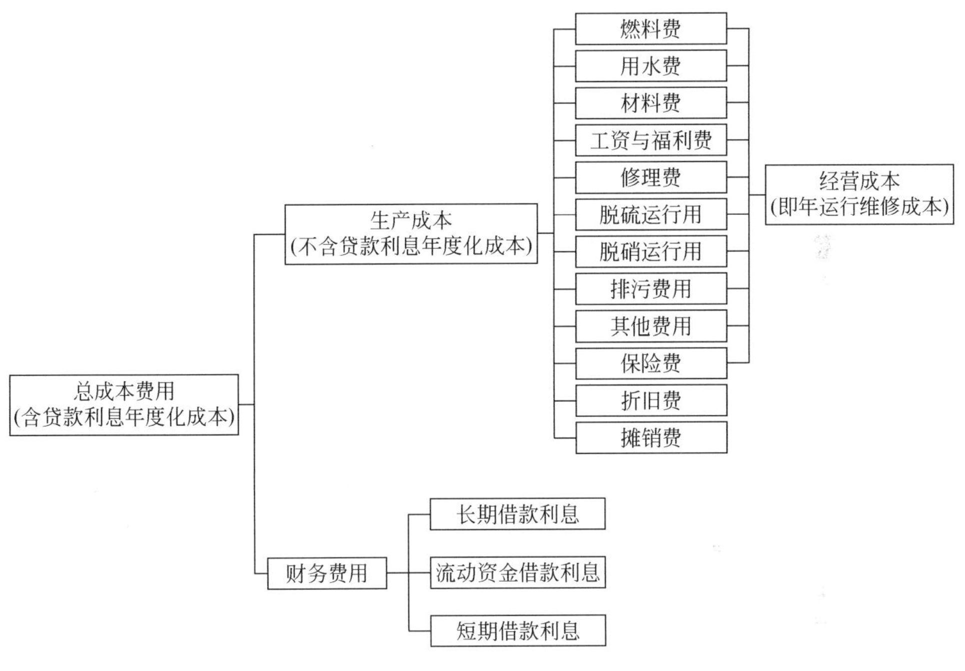

图3-15　总成本费用构成图

生产成本（不包括贷款利息的年度化成本）是指电厂投入运行后每年实际支出的与电厂运行维修有关的经营成本与折旧费、摊销费之和。

经营成本主要包括燃料费、用水费、材料费、工资与福利费、维修费用、脱硫运行费用、脱硝运行费用、排污费用、其他费用、保险费。折旧费是指固定资产在使用过程中，对磨损价值的补偿费用，按年限平均法计算；摊销费是指无形资产及其他资产在有效使用期限内的平均摊入成本。即折旧费和摊销费可看作对总投资成本的年度化处理，国内外在投资成本年度化处理方法上存在差异，本书中采用国内处理方式。

财务费用是指企业为筹集债务资金而发生的费用，主要包括长期借款利息、流动资金借款利息和短期借款利息等。

3）成本列表输出形式

本书中富氧燃烧项目捕集部分成本列表输出形式如表 3-1 所示：

表 3-1　富氧燃烧项目捕集部分各成本项列表

成本项	单位
一、项目总投资	万元
1 工程动态总成本	万元
1.1 工程静态总成本	万元
1.1.1 设备购买、建设、安装	万元
1.1.1.1 热力系统	万元
1.1.1.2 燃料供应系统	万元
1.1.1.3 除灰系统	万元
1.1.1.4 水处理系统	万元
1.1.1.5 供水系统	万元
1.1.1.6 电气系统	万元
1.1.1.7 热工控制系统	万元
1.1.1.8 附属生产系统	万元
1.1.1.9 交通运输工程	万元
1.1.1.10 地基处理	万元
1.1.1.11 厂区及施工区土石方工程	万元
1.1.1.12 灰厂	万元
1.1.2 其他费用	万元
1.1.2.1 建设场地征用及清理费	万元
1.1.2.2 项目建设管理费	万元
1.1.2.3 项目建设技术服务费	万元
1.1.2.4 分系统调试及整套启动试运费	万元
1.1.2.5 生产准备费	万元
1.1.2.6 大件运输措施费	万元

续表

成本项	单位
1.1.3 基本预备费	万元
新增（辅助）系统	万元
脱硫装置系统	万元
脱硝装置系统	万元
空分系统	万元
烟气循环风机	万元
烟气循环管道	万元
烟气冷凝器	万元
氧气预热器	万元
CO_2纯化系统	万元
CO_2压缩系统	万元
1.2 差价预备费	万元
1.3 建设期利息	万元
2 生产流动资金	万元
二、总成本费用	万元/年
1 生产成本	万元/年
1.1 燃料费	万元/年
1.2 用水费	万元/年
1.3 材料费	万元/年
1.4 工资与福利费	万元/年
1.5 修理费	万元/年
1.6 脱硫剂费用	万元/年
1.7 脱硝剂费用	万元/年
1.8 排污费用	万元/年
1.9 其他费用	万元/年
1.10 保险费	万元/年
1.11 折旧费	万元/年
1.12 摊销费	万元/年

续表

成本项	单位
经营成本（=2-1.11-1.12）	万元/年
2 财务费用	
2.1 长期借款利息	
2.2 流动资金借款利息	
2.3 短期借款利息	
三、税费	

为进一步投融资财务分析提供的参数有工程静态总投资、生产成本（即不含贷款利息的年度化成本）、经营成本（即年运行维修成本）。

3.3.2 参数输入

1）项目基本参数

首先，对项目的基本参数进行输入（表3-2）。其中，主（再热）蒸汽参数类型和煤种，将影响锅炉和汽轮机的选材、选型等设计方案，从而影响成本。兼容/新建选项是指富氧燃烧电厂能否实现空气/富氧双工况切换运行。冷却方式选择包括空冷和水冷，两种方式在热力系统和供水系统成本上均有差异。烟气循环方式选择包括干循环与湿循环，主要差异体现在进入脱硫设备与烟气冷凝器的烟气流量。不同基本参数的输入，均会影响后续成本计算。

表3-2 项目基本参数输入

参数	单位	可选择项
项目类型		富氧燃烧
发电功率	MW	
类型		亚临界、超临界、超超临界
主（再热）蒸汽参数	Mpa /℃/℃	
煤种		褐煤、烟煤、无烟煤
煤质分析		元素分析和工业分析
低位发热量	MJ/kg	
兼容/新建		新建、兼容

续表

参数	单位	可选择项
参考电厂		传统空气燃烧电厂
环境温度	℃	
环境相对湿度	%	
环境压力	MPa	
冷却方式选择		空冷、水冷
烟气循环方式选择		干循环、湿循环

2）参考空气燃烧电厂输入参数

为了研究富氧燃烧电厂相对于传统空气燃烧电厂的 CO_2 捕集能力及其经济性，需先对一个参考电厂进行成本计算，即不带捕集的传统空气燃烧电厂。参考空气燃烧电厂的基本参数与表3-2一致。除此之外，需输入空气燃烧电厂主要技术参数（表3-3）和经济参数（同下文富氧燃烧电厂经济参数）。

表3-3　传统空气燃烧电厂主要技术边界参数

参数	单位
发电效率	%
厂用电率	%
脱硫效率/脱硝效率	
污染物排放量（烟尘、SO_2、NO_x、CO_2）	kg/h

3）富氧燃烧烟气质量平衡参数

通过输入流程设计的关键参数，对富氧燃烧烟气质量平衡进行粗略计算，获得主要设备（CO_2 纯化压缩系统、脱硫系统、烟气冷凝器、循环管道等）的烟气处理流量（表3-4），作为系统造价计算的基础参数。

表3-4　富氧燃烧烟气质量平衡计算

输入参数	可粗略估算烟气流量参数
煤质分析	实际供氧量（t/h）
发电效率	总烟气表体积流量（Nm^3/h）
过氧系数	排烟质量流量（t/h）

续表

输入参数	可粗略估算烟气流量参数
漏风量	CO_2纯化压缩系统进口质量流量（t/h）
循环倍率	脱硫塔进口烟气体积流量（m^3/h）
冷凝器脱水比例	烟气冷凝器进口烟气体积流量（m^3/h）
压缩烟气比例	循环管道烟气体积流量（m^3/h）
二次风比例	
脱硫塔出口烟气温度	
冷凝器出口烟气温度	
循环烟气温度	

4）富氧新增系统技术参数

富氧新增系统中，空分系统和CO_2纯化压缩系统的设备选型，组数（单套最大处理量），出口产品温度、浓度、压力对造价影响较大，将在成本计算时予以考虑，系统参数如表3-5所示。同时，CO_2纯化压缩系统的出口产品参数应考虑与后续CO_2运输、埋存匹配。

表3-5　空分系统主要技术参数

参数	单位	参考值
空分设备选型		深冷空分（双塔型应用较广）
空分设备组数	套	
空分出口氧气浓度	%	96.5%
空分出口氧气压力	Mpa	0.1

表3-6　CO_2纯化压缩系统主要参数

参数	单位	参考值
CO_2纯化压缩系统选型		类比估算法中考虑双闪蒸罐型纯化系统；详细清单法中可根据需求选择
CO_2纯化后浓度	%	95
CO_2经压缩后压力	Mpa	15
CO_2分离效率	%	90
CO_2出口温度	℃	

5）能耗

富氧燃烧电厂能耗设备主要有磨煤机、给煤机、引风机、一次风机、给水泵、凝结水泵、循环水泵、电除尘器、脱硫设备以及富氧新增系统。富氧新增系统能耗依据 IECM 方程进行计算（表 3-7），其他设备能耗需自定义。

表 3-7　富氧新增系统能耗计算方程

富氧新增系统	设备能耗计算方程
空分系统	MACP 为生产 $100ft^3 O_2$ 的耗能（kWh），其中 φ 为空分出口氧气浓度： 当 $\varphi \leq 97.5$ 时 $MACP = 0.0049 * \varphi + 0.4238$ 当 $\varphi > 97.5$ 时，$MACP = 0.0736/(100 - \varphi)^{1.3163} + 0.8773$ 空分系统整体能耗为 $MW_{ASU} = 3.798(10)^{-3} * MACP * M_{O_2}$ 其中 M_{O_2} 为空分系统的全部供氧量
烟气循环风机	$MW_{FGR} = 3.255(10)^{-6} * V_{FG} * \Delta P_{FGRF}/\eta_{fgrf}$ 其中，V_{FG} 为循环烟气流率（ft^3/min）；ΔP_{FGRF} 烟气循环风机压头（psi）；η_{fgrf} 为风机效率
烟气冷凝器能耗	$MW_{FGcooling} = 4.7(10)^{-5} * M_{cooling}$ $M_{cooling} = 3.3(10)^{-3} * V_{fg} * \Delta T$ 其中，$M_{cooling}$ 为冷却水流率（gpm）；V_{fg} 为烟气质量流率（ft^3/min）；ΔT 为烟气经过烟气冷凝器的温降
CO_2 纯化压缩系统能耗	$MW_{compr\_purif} = (e_{comp}/1000 + e_{purif}) * M_{CO_2}$ $e_{comp} = [-51.632 + 19.207 * \ln(P_{CO_2} + 14.7)]/(1.1 * \eta_{comp}/100)$ $e_{purif} = 0.109MWh/t$，当 CO_2 浓度>97.5%[1] $e_{purif} = 0.0018MWh/t$，当 CO_2 浓度≤97.5% 其中，e_{comp} 为单位 CO_2 压缩耗能（kWh/t）；e_{purif} 为单位 CO_2 纯化耗能（MWh/t）；M_{CO_2} 为捕获 CO_2 的质量流量（t/h）

注：1. CO_2 纯化系统能耗中，当浓度小于等于 97.5% 时，单位纯化能耗为 0.109MWh/ton，并在 Aspen Plus 流程软件中得到验证（Khorshidia，2011）。但当浓度大于 97.5%，单位压缩能耗剧烈增加，与 Aspen Plus 仿真结果差异较大，待校正（Posch，2012）。

6）经济参数

生产成本的计算过程，涉及与物质（燃煤、水、石灰石等）消耗、劳动报酬及各项费用有关的参数（表 3-8），需依据《火电工程限额设计参考造价指标（2012 年水平）》选择。其中，折旧年限直接影响总投资成本的年度化处理；标煤价和年运行小时数对生产成本影响较大，可做相应的灵敏度分析。

表 3-8 经济参数输入

参数	单位	参考值
标煤价	元/t	500
建筑期	年	2/3/5
经济运行年限	年	30
折旧年限	年	15
固定资产形成率	%	95
残值率	%	5
年运行小时数	小时	5000
年工资	元/t	
员工人数	人	
福利系数	%	60%
运行维修系数		2%
水价	元/t	3
年水耗量	t/MWh	2.25
石灰石年耗量	t/h	由 SO_2 含量与石灰石参数计算得
石灰石价格	元/t	100

3.3.3 项目静态成本计算方法

在参数设置的基础上，对项目工程静态成本和生产成本进行计算。首先介绍项目静态成本计算方法。依据 3.3.1 总投资成本中的说明，项目工程静态成本分为两部分：传统电厂常规系统及相关工程部分和新增/辅助系统部分。

1. 传统电厂常规系统及相关工程部分计算方法

依据《火电工程限额设计参考造价指标（2012 年水平）》中的造价指标，以 2×600MW 燃煤机组模块造价（2012 年水平）为参照，根据当前系统与参照系统的参数的不同进行调整。调整公式形式如下：

$$待计算设备造价=参照值/2\times(机组功率/600)^{类比系数}$$

其中，各系统的类比系数在 0.5～0.8 之间，各系统的类比系数通过将 2×1000MW 燃煤机组模块造价作为公式验证参数，代入调整公式中反算得到。

该部分的成本计算考虑了不同系统选型对成本的影响（表 3-9），可在“系统选型”栏选择。值得注意的是，由于电气系统、热工控制系统、附属生产工程与机组功率相关性不大，可直接等于参考机组对应值；另外，交通运输工程、地基处理、厂区及施工区土方工程与建厂地址相关性大，为尽可能准确计算，需自定义。

其他费用和基本预备费相应其他费用率和基本预备费率计算得到（表3-10）。

表3-9　部分技术选型对常规系统成本的影响

系统名称		系统选型	2×600MW燃煤机组造价列表/万元	系统选型
热力系统	炉型	亚临界烟煤	93 207	
		亚临界褐煤（风扇磨）	134 335	
		超临界烟煤	112 035	
		超临界无烟煤	128 802	
		超超临界烟煤	136 768	
	机型	湿冷纯凝机组	22 458	
		空冷纯凝机组	18 789	
	其他		4 310	
供水系统	供水系统	二次循环：取用地表水	24 085	
		直流供水：河（湖）心取水	15 064	
		直流供水：河（湖）岸边敞开式取水	15 224	
		直接空冷	46 158	
		间接空冷	56 353	

表3-10　电厂常规系统其他费用率与基本预备费率

参数	参考值
其他费用率	13.7%～18.57%（《火电工程限额设计参考造价指标（2012年水平）》）
基本预备费率	空气燃烧电厂：3%，富氧燃烧电厂：10%（IEA，2011）

2. 新增/辅助系统

1）传统电厂辅助系统

以2×600MW燃煤机组模块造价（2012年水平）中脱硫装置系统和脱硝装置系统的完整成本（即包括各系统的建筑工程、设备购置、安装工程费（包括相关土地工程费用），其他费用和基本预备费）为参照，调整公式形式如下：

脱硫系统完整造价=18000/2×（烟气标体积流量/1923724）$^{0.7}$

脱硝系统完整造价=10800/2×（烟气标体积流量/2543772）$^{0.6}$

其中，将烟气标体积流量作为特征参数是便于体现富氧干/湿循环在脱硫塔投资成本上的差异。

2）富氧新增系统

富氧新增系统完整成本可采用类比估算法，或者详细清单法。其中类比估算法是依据 IECM 富氧燃烧电厂成本（Rubin et al.，2007），并作相应调整使其适用于中国市场（表3-11）。详细清单法是将各系统细化为各个设备，并统计各设备个数、单价，以及设备安装调试费、相应土建成本、其他费用和基本预备费（表3-12）。需要说明的是，以下方程计算出的成本为美国市场上的以美元为单位的成本，由于生产原料、购买力、以及其他因素的影响，将这一成本直接乘以汇率转化为以人民币为单位的成本作为中国市场上的成本是不妥的。这里引入中美成本转化比，即中国市场上以人民币为单位的成本与美国市场上以美元为单位的成本的数值比。参考 IEA（2011）的报告，可以选择一个较为合理的中美成本转化比为2.8。

表3-11　富氧新增设备类比估算法

设备	说明
空分系统	$C_{ASU,\ ref}=\frac{14.35*N_t*T_a^{0.067}}{(1-\varphi)^{0.073}}*\left(\frac{M_{ox}}{N_o}\right)^{0.852}$ 其中，T_a 为环境温度（F）；N_t 为空分设备的总台数；N_o 为运行空分设备的总台数；M_{ox} 为出口总氧气的摩尔质量流率（lbmole/hr）；φ 为空分出口氧气浓度。$20F\leqslant T_a\leqslant 95F$；$625\leqslant\left(\frac{M_{ox}}{N_o}\right)\leqslant 11350$lbmole/h；$0.95\leqslant\varphi\leqslant 0.995$ 空分系统投资成本为 $C_{ASU}=C_{ASU,\ ref}*(PCI/PCI_{1989})$
烟气循环风机	$C_{FGR\_fan}=2.0*(V_{FGR}/6.474(10)^5)^{0.6}*(PCI/PCI_{1998})$ 其中，V_{FGR} 为循环烟气流量（ft^3/min）
烟气循环管道	$C_{FGR\_ducting}=10.0*(V_{FGR}/6.474(10)^5)^{0.6}*(PCI/PCI_{2001})$ 其中，V_{FGR} 为循环烟气流量（ft^3/min）
烟气冷凝器	$C_{FG\_DCC}=17.6*(V_{FG}/809763)^{0.6}*(PCI/PCI_{2001})$ 其中，V_{FG} 为进入冷凝器烟气流量（ft^3/min）
氧气预热器	$C_{APH\_OH}=12*(MW_{gross}/500)^{0.6}*(PCI/PCI_{2001})$ 其中，MW_{gross} 为电厂毛功率（MW）

续表

<table>
<tr><th>设备</th><th>说明</th></tr>
<tr><td>CO_2纯化系统</td><td>当浓度≥97.5%时，$C_{CO_2\_purif}=0.2*(M_{CO_2\_pdt}/1.1)*(M_{CO_2\_pdt}/550)^{0.6}*(PCI/PCI_{1995})$
当浓度$<97.5\%$时，$C_{CO_2\_purif}(\$M)=0.02*(M_{CO_2\_pdt}/1.1)*(M_{CO_2\_pdt}/660)^{0.6}*(PCI/PCI_{1995})$
其中，$M_{CO_2_pdt}$为CO_2质量流量（t/h）</td></tr>
<tr><td>CO_2压缩系统</td><td>$C_{CO_2\_compr}=16.85*(hp_{CO_2\_comp}/51676)^{0.7}*(PCI/PCI_{1998})$
与压缩所需要的功率有关，其中，$hp_{CO_2_comp}$为压缩耗能（hp）</td></tr>
</table>

表 3-12　富氧新增系统详细清单法（例）

<table>
<tr><th>富氧新增系统</th><th>成本项目</th><th>设备大类或（系统选型）</th><th>设备名称</th><th>个数</th><th>单价</th><th>成本</th></tr>
<tr><td rowspan="19">空分系统</td><td rowspan="14">1. 设备购买成本</td><td rowspan="2">原料空气压缩设备</td><td>空气压缩机</td><td></td><td></td><td></td></tr>
<tr><td>附属设备</td><td></td><td></td><td></td></tr>
<tr><td rowspan="5">空气预冷、净化设备</td><td>空冷塔、水冷塔设备</td><td></td><td></td><td></td></tr>
<tr><td>冷却水泵</td><td></td><td></td><td></td></tr>
<tr><td>分子筛吸附器</td><td></td><td></td><td></td></tr>
<tr><td>再生加热器</td><td></td><td></td><td></td></tr>
<tr><td>蓄热器</td><td></td><td></td><td></td></tr>
<tr><td rowspan="5">空气分离设备</td><td>蒸馏塔</td><td></td><td></td><td></td></tr>
<tr><td>再沸器、冷凝器</td><td></td><td></td><td></td></tr>
<tr><td>主换热器</td><td></td><td></td><td></td></tr>
<tr><td>膨胀机</td><td></td><td></td><td></td></tr>
<tr><td>低温液体泵</td><td></td><td></td><td></td></tr>
<tr><td rowspan="2">产品压缩系统</td><td>压缩机</td><td></td><td></td><td></td></tr>
<tr><td>附属设备</td><td></td><td></td><td></td></tr>
<tr><td>2. 设备安装调试</td><td></td><td></td><td></td><td></td><td></td></tr>
<tr><td>3. 相应土建成本</td><td></td><td></td><td></td><td></td><td></td></tr>
<tr><td>4. 其他费用</td><td></td><td></td><td></td><td></td><td></td></tr>
<tr><td>5. 基本预备费</td><td></td><td></td><td></td><td></td><td></td></tr>
<tr><td>合计</td><td></td><td></td><td></td><td></td><td></td></tr>
</table>

3.3.4 项目生产成本计算方法

富氧燃烧电厂的生产成本项计算方法（熊杰，2011）（表3-13）。

表3-13 生产成本项计算方法

生产成本	计算方法
燃料成本	$C_{coal} = m_F \times C_F \times W \times h$ 其中，m_F 为发电标准煤耗；C_F 为标准煤价格；W 为发电功率；h 为年运行小时数
人员费	$C_1 = N \times c_{pay} \times (1 + r_w)$ 其中，N 为电厂定员；c_{pay} 为职工工资；r_w 为福利劳保系数
维修费用	$C_2 = C \times R_{OM}$ 其中，C 为静态总投资成本；R_{OM} 为运行维护系数
脱硫运行费用	$C_3 = M_{Caco_3} \times h \times C_{Caco3}$ 其中，M_{Caco_3} 为石灰石耗量（kg/h）；C_{Caco_3} 为石灰石价格
排污费用	$C_4 = (E_S + E_N + E) \times T$ 其中，E_S 为 SO_2 排放量当量；E_N 为氮氧化物排放量当量；E 为烟尘排放量当量；T 为污染物当量收费标准
材料费	$C_5 = p_m \times W \times h$ 其中，p_m 为材料费比率
其他费用	$C_6 = p_o \times W \times h$ 其中，p_o 为其他费用比率
水费	$C_7 = p_w \times W \times h \times C_W$ 其中，p_w 为单位发电水耗；C_W 为水价
保险费	$C_8 = p_i \times C$ 其中，p_i 为保险费率；C 为静态总投资成本
折旧费	$C_d = C \times P_{fa} \times (1 - p_{lv}) / Y_d$ 其中，C 为总静态投资成本；P_{fa} 固定资产形成率；p_{lv} 为残值率；Y_d 为折旧年限

3.4 捕集成本核算小结

本章我们从增量成本的角度出发，对 CO_2 燃烧后捕集、燃烧前捕集和富氧燃烧捕集这三种技术的成本核算进行了介绍。与燃烧后捕集相比，燃烧前捕集成本的变化主要体现在：无需燃煤锅炉等热力装置，取消了除尘装置，但增加了富氢燃气轮机发电装置，空分装置以及煤气化装置。由于 IGCC 发电技术产生的合成气十分清洁，无需脱硝等措施，因此相比燃烧后捕集，生产成本中不含脱硝费用和排污费用。而富氧燃烧电厂则需增加空分系统、CO_2纯化压缩系统等新系统，此外脱硫装置结构需要改变。三种捕集技术的成本核算均是从项目层面出发，分静态投资成本和运营成本两大部分，成本核算基于三种 CO_2 捕集技术的工艺流程展开。在相关设备的投资和运营参数确定上，我们主要基于详细清单法和类比估算法，并且我们还设计开发了成本核算的软件，以方便使用。

第4章

运输成本核算分析

4.1 运输边界和模型影响因素

4.1.1 CO_2 运输技术

CO_2运输技术是连接 CO_2排放源与利用封存的纽带，在整个 CCS 技术中具有重要的地位。运输成本和运输距离密切相关，总的来看 CO_2的运输也是投资高、耗能大的部分，因此降低输送成本和能耗是该技术实施的关键。

CO_2的运输方法主要分为管道输送、轮船输送及槽车输送三种。大规模 CO_2输送主要以管道为主；轮船输送主要在沿海地区，其封存点通常都在深海盐水层；槽车输送一般适用于工业少量使用的液化 CO_2，应用这种方式输送 CO_2的单位成本较高。

进行 CO_2管道输送时，根据其状态的不同分为气态输送、液态输送和超临界输送三种形式，其中液态输送和超临界状态输送成本低于气态输送。CO_2管道输送系统的组成类似于天然气和石油制品输送系统，包括管道、中间加压站（增压泵）及辅助设备。据 2010 年统计，世界上约有 5000km 的 CO_2管道，其总输量达到了 44Mt/a，主要是采用超临界输送技术。世界上多数的 CO_2管道都修建于美国西部，总长超过 2500km；另外在加拿大、挪威和土耳其也有部分 CO_2管道。中国的 CO_2管道输送技术起步较晚，尚无成熟的长距离输送管道，仅个别油田利用自身距 CO_2气源点较近的优势，采用气态或液态管道输送 CO_2至注入井厂，达到提高油田采收率的目的，如江苏油田采用低温低压液态输送、吉林油田采用气态 CO_2输送等。

由于超临界 CO_2的黏度远小于为液态 CO_2，采用超临界 CO_2输送的管道直径小于液态 CO_2，同时超临界 CO_2管道壁厚相应地小于液态 CO_2管道壁厚，长距离管道输送采用超临界 CO_2可以大幅度降低管道投资成本，大多数学者认为超临界 CO_2输送管道是长距离输送中最经济的运输方式（Vandeginste and Piessens，2008；Liu and Gallagher，2011；Eldevik et al.，2009）。

综上所述，世界上大部分大规模的CO_2运输采用超临界或者液态CO_2管道输送，从经济角度上讲，超临界CO_2管道经济性较好，因此本研究中CO_2管道输送采用超临界CO_2输送技术。

4.1.2 CO_2运输成本的定义

运输成本是指捕集纯化后进行输送过程中投入的成本。本核算方法中将运输成本分为固定投资成本和年运行维护成本。其中固定投资成本是建设期需要一次性投入的资金，年运行费用是投运后持续每年需要投入的资金。

4.1.3 CO_2运输成本的界定

成本计算主要采用投资成本和运营成本两个方面进行计算。

如图4-1～图4-3所示，CO_2输送单元成本的边界为虚线所示，包括CO_2压缩装置、CO_2干燥装置、CO_2制冷装置（槽车和轮船运输）、CO_2装车/船装置（槽车和轮船运输）。CO_2压缩装置通常采用多级压缩、级间冷却的方式，其中CO_2的进口压力为1.1～1.7Bar（平均1.3Bar），排出压力为2～17MPa，根据运输方式不同，其排出温度也不同。对于罐车和船舶输送，其温度一般低于-20℃（2.0～2.2 MPa），对于超临界和液态管道输送CO_2，其温度通常低于50°C（9～15 MPa）。CO_2干燥装置一般脱水至20ppm以下（水露点低于-40℃）。输送的末端边界为注入站（输送末站）。

图4-1　槽车运输界面

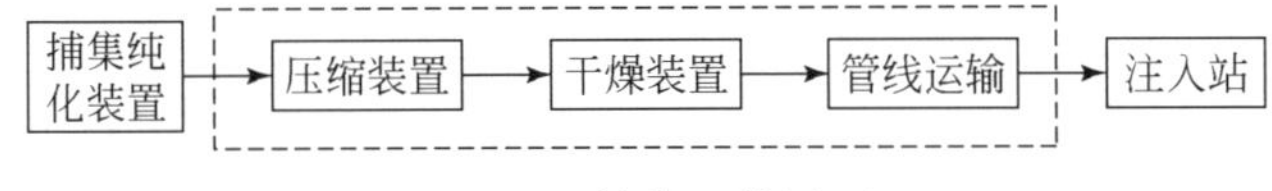

图4-2　管线运输界面

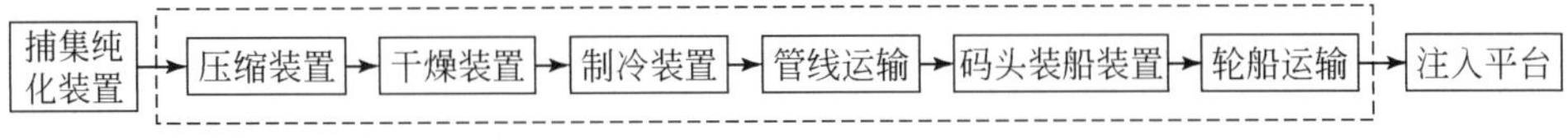

图4-3　轮船运输界面

4.1.4 确定输送成本的影响因素

本方法将影响输送成本的因素分为一次性投入成本和持续投入成本。

1）一次性投入成本

（1）设备新增成本。新增加的 CO_2 管道与增压站内各个设备的成本总和，包括购买和安装费用。新增设备主要包括压缩机组、干燥装置、制冷冰机（槽车和轮船运输）、装车/船泵（槽车和轮船运输）、截断阀室（管道输送）、槽车（槽车运输，可以考虑租用）、轮船（轮船运输，可以考虑租用）、管道等设备。

（2）土建成本。建设 CO_2 输送装置所需要的土地的成本，土建成本主要包括土地成本、建筑成本、修路成本等。

2）持续投入成本

（1）设备年运行维护成本。包括压缩装置、干燥装置、制冷装置、管线、槽车、轮船等每年的运行维护费用。

（2）新增年人工成本。指 CO_2 输送运行维护的人员费用。

（3）每年消耗的电费。主要为压缩机和制冷橇块耗电，该价格按照电厂提供的成本价计算，即内部核算价。

（4）每年消耗的水价格。主要为压缩机装置消耗冷却水量，该价格按照电厂提供的成本价计算，即内部核算价。

（5）每年消耗的蒸汽价格。主要为干燥装置消耗蒸汽量，该价格按照电厂提供的成本价计算，即内部核算价。

4.2 CO_2 管道输送技术模型

CO_2 运输是连接捕集过程与强化采油（EOR）过程的中间环节，CO_2 管道运输是较为经济有效的输送方式，因此其工程-经济模型是 CCUS 工程-经济模型的重要组成部分。先建立 CO_2 管道运输的工程模型。工程模型可根据物料与能量衡算得到管道公称直径、压缩机功率等关键参数；在得到其关键参数的基础上，建立其投资成本模型和运行维护成本模型。CO_2 管道运输与天然气管道运输的工艺条件相近，因此可根据天然气管道运输成本模型估算 CO_2 管道运输成本模型。

4.2.1 运输建模

CO_2管道运输工程–技术经济模型建模流程示意图如图 4-4 所示。

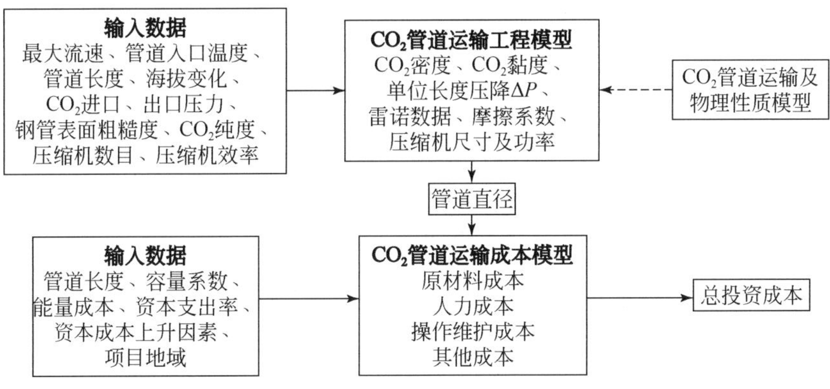

图 4-4 CO_2管道运输工程–技术经济模型建模流程示意图

CO_2管道运输工程建模主要包括公称直径、钢管壁厚和压缩机功率的估算，经济模型主要包括固定投资、运行维护等成本。

1）技术特征

CO_2管道运输工程建模需要管道公称直径，公称直径又需要由内径和厚度来确定。其中管道内径 D_i（m）可用下式计算：

$$D_i=\left\{\frac{-64Z_{ave}^2R^2T_{ave}^2f_Fm^2L}{\pi^2[MZ_{ave}RT_{ave}(p_2^2-p_1^2)+2gP_{ave}^2M^2(h_2-h_1)]}\right\}^{1/5}$$

其中，Z_{ave}为平均流体压缩系数；R 为气体常数（Pa · m³/(mol · K)）；T_{ave}为平均流体温度（K），可取管道周围的土壤温度；f_F为范宁摩擦系数；m 为设计质量流量（kg/s）；L 为第 a 段（某一段）管道的长度（m）；M 为流体介质相对分子质量；p_1、p_2为管道入口、出口的压力（MPa）；h_1、h_2为管道入口、出口的海拔高度（m）；g 为重力加速度（m/s²）；P_{ave}为管道内平均压力（MPa）。

管道壁厚 δ（m）可根据 GB 150. 3—2011 计算得到，其公式如下：

$$\delta=\frac{P_cD_i}{2[\sigma]^t\varphi-P_c}$$

其中，P_c 为计算压力（MPa）；$[\sigma]^t$ 为计算温度下钢材的许用应力（MPa）；φ 为焊接接头系数。

根据管道内径 D_i 和壁厚 δ，查表（HG/T 20553—2011）可得公称直径。

管道运输过程中，隔一段距离，需要增加压力保持 CO_2 的密度，避免 Chilling 效应，提高管道的运输效率。压缩机尺寸与功率计算流程见图 4-5。

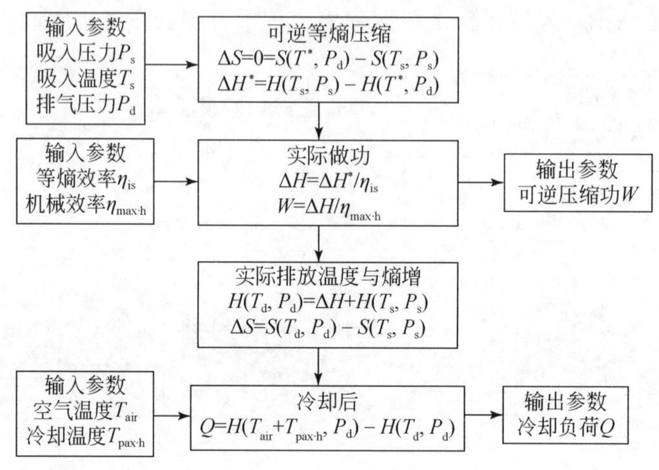

图 4-5　压缩机尺寸与功率计算流程示意

注：S 为熵；T^* 为理想状态下的排气温度；H 为热焓；ΔH 为理想状态下的焓变；T_d 为实际排出温度

2）经济建模

（1）管道成本模型。

吨钢材投资指标估算法是一种较为准确的成本预算方法。其成本模型如下：

$$I_g=GK_gK_sK_t$$

其中，I_g 为某一段新建管道投资估算值/(万元)；G 为管道所用钢管总质量（t）；K_g 为吨钢材投资指标，其取值范围为 2.0 万 ~2.2 万元 t；K_s 为线路工程区域修正系数，其取值因管道通过不同地带而有所不同，通过平原地带取 1.00，丘陵地带取 1.03，水田地带取 1.05；K_t 为时间修正系数，其取值不超过 1.2。

（2）压缩机站成本模型。

压缩机站的总投资成本估计可以采用国际能源署（IEA）欧洲研究中心提出的管道输送 CO_2 所使用的往复式压缩机站的投资估计公式（Herzog and Klett，2003）：

$$C=(8.35P+0.49)/r$$

其中，C 为压缩机站投资（百万元）；P 为压缩机功率（MW）；r 为人民币对美元汇率。

（3）运行维护成本。

根据美国电力研究协会（Electric Power Research Institute，EPRI）技术报告，

每年的运行维护成本约占项目总投资的1.5%。

(4) CO_2管道运输成本。

$$C_{total}=(0.015N+1)(C_n+I_n)$$

其中，N为管道预计寿命（年）；C_n为n个压缩机站的总投资（百万元）；I_n为n段新建管道总投资估算值（百万元）。

4.2.2 运输模块建模结论

(1) 管道投资的成本与管道直径成正相关关系，管道投资的成本随着管道直径的增加而增加，且曲线近似为指数相关；此外，随着管道长度的增加，投资成本增加。

(2) 管道投资的成本与输送量成正相关关系，管道投资的成本随着CO_2流量的增加而增加，且近似为线性相关；每小时增加一吨运输量，成本平均增长率为5.9%；此外，随着管道长度的增加，投资成本增加。

(3) 采用分步、分段优化方法，对管道运输系统的内径、管道厚度、入口压力、中间泵数量进行优化设计（参照输气管道工程设计规范），能够有效降低管道运输的总费用。在设计100km的管道时，节省3.18%。

4.3 陆地管道运输成本核算

成本计算主要用投资成本和运营成本两个方面进行计算。计算方法主要参考David L. McCollum（McCollum and Ogden，2006）和魏宁等（Wei et al.，2016）的方法。

由于超临界CO_2管道在一般工作和气候条件下的经济性更好，由此本书中的算例主要基于超临界CO_2输送技术，也适宜液态输送，修改相应的CO_2参数即可。

4.3.1 管道直径的计算

管道直径的计算是计算管道投资成本的基础之一。由于管道直径的计算是一个迭代的过程，必须先假设一个直径（D）的值。较为合理的管道直径D为25.40～50.80 cm。

管道内部平均压力为P_{inter}：

$$P_{inter}=(2*P_{in}+P_{out})/3$$

其中，P_{in}为 CO_2管道入口压力（MPa）；P_{out}为 CO_2管道出口压力（MPa）。

根据管道内部平均压力 P_{inter}和 CO_2温度 T 来计算管道内 CO_2相应物性参数。

管道管径计算需要雷诺系数和范宁系数迭代计算，两个系数的计算参考以下公式：

$$R_e = (4\times1000/24/3600/0.0254)\times m/(\pi\times\mu\times D)$$

$$F_f = \frac{1}{4\left[-1.8\log_{10}\left\{\frac{6.91}{R_e}+\left(\frac{12\varepsilon/D}{3.7}\right)^{1.11}\right\}\right]^2}$$

其中，D 为管道直径（in）；m 为 CO_2在管道中的质量流量（t/d）；F_f为范宁摩擦系数；R_e为雷诺数；μ 为在管道中 CO_2黏度（Pa·s）；ε 为管道内粗糙度，取值 0.00015 ft（Herzog and Klett，2003）。

管道直径（D）计算公式（Herzog and Klett，2003）如下：

$$D=(1/0.0254)\times[(32\times F_f\times m^2)\times(1000/24/3600)^2/(\pi^2\times\rho\times(\Delta P/L)\times10^6/1000)]^{(1/5)}$$

其中，ΔP 为管道中的压力差 $=P_{in}-P_{out}$（MPa）；L 为管道长度（km）；ρ 为 CO_2在管道中的密度（kg/m^3）。采用迭代方法来计算管道直径。

4.3.2 参数输入

CO_2陆地管道运输技术参数输入和投资清单如表 4-1 和表 4-2 所示。

表 4-1 CO_2陆地管道运输技术参数输入（超临界态为例）

固定参数输入	符号	数值
管道进口压力/MPa	P_{in}	15
管道出口压力/MPa	P_{out}	12
运行温度/℃	T	40
CO_2密度/(kg/m^3)	ρ	650
CO_2标况密度/(kg/Nm^3)	ρ_n	1.965
CO_2的黏度/(Pa·s)	μ	0.0000282
CO_2压缩系数	Zavg	0.32
CO_2比重	G	1.519
管壁粗糙度	ε	0.00000015
加温加压站距离/km	L_N	
运行年限/ar	N	
内部收益率	i	0.1
资本容量因子	CF	0.85

表 4-2　CO_2陆地管道运输投资清单（固定投资和运营管理投资）

投资项目	技术参数
1. 固定投入	
1.1 材料投入	
（1）钢材	钢材 X65
（2）防腐	3PE
（3）保温	环氧树脂防腐层+聚氨酯泡沫保温层+聚乙烯夹克防水层
（4）线路截断阀	8km/16km/24km/32km
1.2 安装费用	
（1）管道直接安装费	
（2）土建费用	
（3）阴极保护	
（4）管件安装	碳钢管每根 16m
（5）高压阀门	平均每隔 600 安装一个
（6）法兰安装	两根钢管之间安装一个法兰
（7）液压试验	
（8）管线吹扫	
（9）管道系统清洗	
1.3 管道征地费用	施工作业带、堆管处、施工便道、土地补偿
1.3 站场投资	
1.3.1 材料费用	
（1）工艺部分	站内管网、收发球筒、阀、过滤分离器
（2）电气部分	CO_2增压泵、配电盘、架空线路
（3）自控部分	阀室、计量撬、调压系统、站控系统
1.3.2 土建投资	
1.4 征地费用	站场、阀室、三桩属于永久性征地，堆管处、施工便道等属于临时性征地
1.5 通信及评价费用	光传输设备、各种评价费用
1.6 其他勘察设计费用	
2 营运管理费用	
2.1 工人工资及福利	
2.2 动力费用	
2.3 设备维护修理费用	
2.4 监测及风险管理费用	监测设备等
2.5 其他运营管理费用	

4.3.3 投资、维护与操作和 CO_2 运输的平均成本

陆上单位长度管道的投资成本（参考 McCollum, D. L. 方程（McCollum, 2006））：

$$C_{cap}=9970\times(m^{0.35})\times(L^{0.13})$$

其中，C_{cap} 为管道投资（美元/km）；9970 为单位投资系数（美元/km），中国的投资系数需另外计算。由此，管道总投资成本 C_{total}（美元）：

$$C_{total}=F_L\times F_T\times L\times C_{cap}$$

其中，F_L 为地点因子；F_T 为地形因子。

F_L 的数据分析如下：美国/加拿大为 1.0，欧洲为 1.0，英国为 1.2，日本为 1.0，澳大利亚为 1.0，中国为 0.7～0.9，推荐采用 0.8 系数。

地形因子 F_T 可采用的数据：耕地为 1.10，草原为 1.00，树林为 1.05，热带丛林为 1.10，沙漠为 1.10，<20% 山区为 1.30，>50% 的山区为 1.50。

管道年投资 C_{annual}（美元/a）：

$$C_{annual}=C_{total}\times \text{CRF} \quad (\text{其中 CRF}=0.134)$$

其中，C_{total} 为管道总投资（美元）；CRF 为资本回收因子，CRF = 0.134（i = 0.12，n=20 条件下）。

CO_2 管道运输的运营和维护 O&M 成本按总投资成本的 2.5% 计算（Herzog and Klett，2003，Programme IGGRD，2002）。

$$\text{O\&M}_{annual}=C_{total}\times \text{O\&M}_{factor} \quad (\text{其中 O\&M}_{factor}=0.025)$$

其中，$\text{O\&M}_{annual}$ 为运营和维护费用（美元/a）；$\text{O\&M}_{factor}$ 为 O&M 成本因子。

年度总成本：

年度总成本 $=C_{annual}+\text{O\&M}_{annual}$

年运输 CO_2 总量：

$$m_{year}=m\times 365\times \text{CF} \quad (\text{CF}=0.80)$$

其中，m 为每天 CO_2 的运量；CF 为设备利用率。

CO_2 运输的平均成本如下：

$$\text{平均成本(美元/t } CO_2) = \text{年度总成本}/m_{year}$$

图 4-6 显示了单位长度的管道投资随 CO_2 规模和管道长度的变化关系。单位长度的管道投资成本受 CO_2 流量的影响较大。图 4-7 和图 4-8 显示了 CO_2 运输的平准化成本与 CO_2 规模和管道长度的关系，CO_2 管道运输的平准化成本随运输规模的扩大而降低，达到一定规模后趋于稳定；CO_2 管道运输规模一定时，CO_2 管道运输的平准化成本随管道长度的增加而增加。同时分析出这种规模效应在长距离 CO_2 管道运输时更明显。

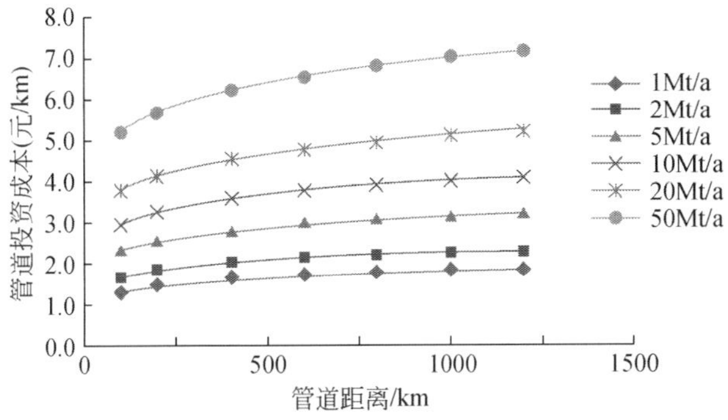

图 4-6　单位长度管道投资随 CO_2 规模和管道长度的变化关系

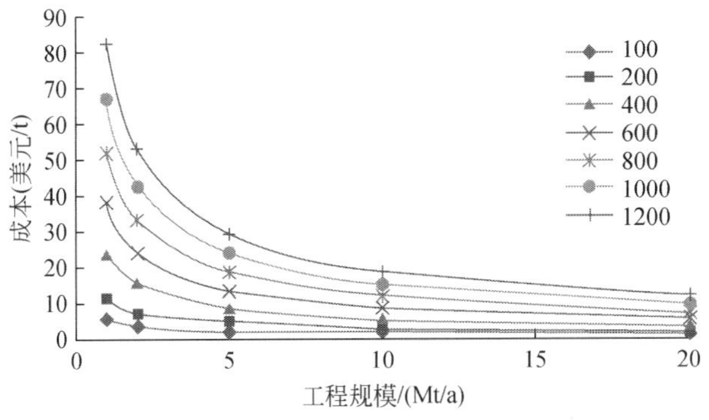

图 4-7　CO_2 运输的平准化成本随 CO_2 规模和管道长度的关系

注：$F_L=1.0$ 假定和 $F_T=1.20$（美国的地区因子和一般地形）

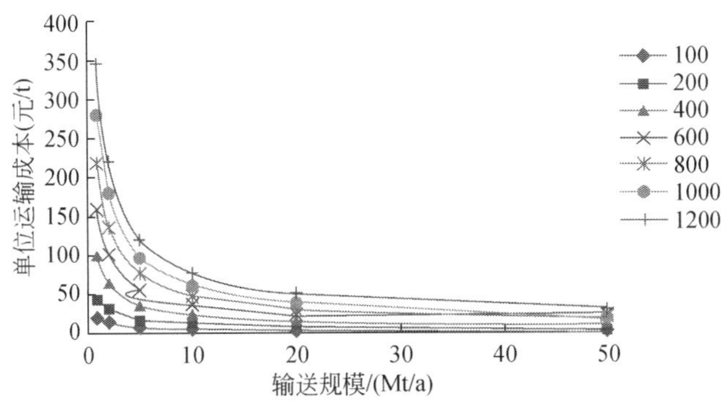

图 4-8　CO_2 运输的平准化成本随 CO_2 的质量流量和管道长度的关系

注：假定 $F_L=0.8$，$F_T=1.30$（中国的地区因子和一般地形）

案例：假设一条运输 CO_2 的管道铺设在华中地区平原地带，地形起伏差不超过 30m，管道输送距离 10km，运输规模 200 万 t/a，进口压力 15MPa，出口压力 12MPa，无增压站。下面利用上节的经济模型来分析计算此示例管道的运输成本。示例管道运输成本结果如表 4-3 所示：

表 4-3　案例：CO_2 陆地管道运输成本结果（150km，2Mt/a）

成本核算结果部分			
单位长度管道投资	管道长度/km	CO_2 流量/(t/a)	成本/万元
	150	200 万	276. 16 万元
管道运输总投资	F_L	F_T	成本/万元
	0. 8	1. 2	39766. 84
运输年投资	资本回收因子（CRF）		成本/(万元/a)
	0. 117459625		4671. 00
管道运营管理投资	管道运营管理因子（O&Mfactor）		成本/万元
	0. 04		1590. 67
平均运输成本	25. 05 元/tCO_2		

4.4　海洋管道运输成本核算

海洋管道运输成本核算方法采用概算法，按照海洋管道运输投资清单及相应技术参数进行核算。本技术模型是预算型的技术经济分析，可以快速获得成本分布范围，本模型适用于进行预可行性研究，为可行性研究奠定基础。本报告中海洋管道运输基于液态运输方式核算，超临界态核算方法类似，修改相应参数即可。

4.4.1　海洋管道直径的计算

海洋管道直径计算方法同陆地管道直径计算方法，一般推荐液态或密相 CO_2 输送。

4.4.2　关键参数

海洋管道运输成本核算关键参数及推荐值如表 4-4 所示。

表 4-4　海洋管道运输成本核算关键参数及推荐值

固定参数	符号	输入数值
管道进口压力	P_{in}	15
管道出口压力/Mpa	P_{out}	12
运行温度/℃	T	20
CO_2 密度/(kg/m^3)	ρ	925. 5
CO_2 标况密度/(kg/Nm^3)	ρ_n	1. 965
CO_2 的黏度/(Pa·s)	μ	0. 000 005 3
CO_2 压缩系数	Zavg	0. 259
CO_2 比重	G	1. 519
管壁粗糙度	ε	0. 000 000 15
加温加压站距离（km)	L_N	0
运行年限/a	N	20
内部收益率	i	0. 1
资本回收因子	CRF	0. 106 079 248
资本容量因子	CF	0. 85

4. 4. 3　投资、维护与操作和 CO_2海洋管道运输的平均成本

海洋管道固定投资成本首先包括材料费，其次是海管检验费，再次是海上疏浚工程费用，然后是海上安装费用，最后项目中需包含勘察设计费、工程评价费、工程监管费、验收费等。主要项目成本费率及定额参考中石油、中石化定额预算、石油建设经济评价参数及市场询价等进行初步概算。运行维护费用主要包括管线的监测管理、动力运行、人员工资及福利、维修护理几个方面，初步按照固定资本投入的 4% 计算。按照工程经验，拆管费用与管道折旧费用基本持平，这里按照 0 元计入。表 4-5 列出了 CO_2海洋管道运输投资清单及关键技术参数。

表 4-5　CO_2海洋管道运输的技术参数与投资清单

序号		工程或费用	技术内容	相关数据
一、固定投资	1 主要材料	双层钢管	无缝碳钢	API X65(内 L448)/X52(外 L390)
		管道保温材料	聚氨酯泡沫保温层	厚度 20mm
		管道内防腐材料	环氧树脂涂料+缓蚀剂	管内壁全涂层
		管道外防腐材料	3PE 防腐材料	管外部全涂层
		混凝土配重层材料		厚度 50mm
		阴极保护材料	牺牲阳极保护-铝合金	每 650m 需要 1t
		接头防腐	热缩带和玛蹄脂	10km 设置一个接头

续表

序号		工程或费用	技术内容	相关数据
一、固定投资	主材运输		主材＊费率	
	2 海管检验	AUT\RT\MT\UT 检测		150m/天
	3 海上疏浚工程	后开沟方法		作业带：20m 宽，开沟 1.2m 宽，2m 深
		挖掘工具	挖沟支持船、交通指挥船、施工监护船	包括动员–施工–复员
		人员费用		100km 配置 20 人
	4 海上安装		S 型铺管船法	
	4.1 设备动员及运输	铺管船、拖轮、自航驳船、抛锚艇、线性绞车、交通船等		新工艺每日铺设 68 根（每根 12m 长）
	4.2 装船固定	人员费用	10 人	
	4.3 施工前预调查	海上勘测船队准备、到现场、复员		按铺管时间计算
	4.4 管道铺设	铺管船法	S 型铺设方法	4.1 中已算入
	4.5 立管安装	起重船、舷侧吊、液压绞车、交通船		
	4.6 清管、试压	铺管船+拖轮+抛锚艇+交通船+人员+消耗品		
	4.7 铺设后调查	海上勘测船队准备、勘察、复员		2km/d
	4.8 现场清理	铺管船+拖轮+驳船		
	4.9 其他安装直接费	施工定位、后勤服务、航标等		安装费的 3%
	5 其他（按固定资本投资的比例估算）	现场管理费		
		可研报告编制及评估费		
		建设单位管理费		
		工程质量监管费		
		监理费		
		评价及验收费		
		勘察设计费		
		临时设施费		
		海上工程保险费		
		海事检验费		
		管道控制和监控系统		
二、海管运行管理费		C_{total}×O&M$_{factor}$		
三、拆管费		与管道折旧费用持平		

海洋管道总投资成本（表4中海管建设固定投资）：

$$C_{\text{Total}} = \sum_{i=1}^{i=5} i$$

海管运营管理成本和平均成本计算方法与陆地管道的计算方法相同。

图4-9显示了海洋 CO_2 运输的平准化成本与 CO_2 规模和管道长度的关系，CO_2 管道运输的平准化成本随运输规模的扩大而降低，达到一定规模后下降幅度降低；海洋 CO_2 管道运输规模一定时，CO_2 管道运输的平准化成本随管道长度的增加而增加，几乎呈线性关系。结果同陆地 CO_2 管道运输成本趋势相同。同时分析出这种规模效应在大规模 CO_2 管道运输时的规模效应更明显。

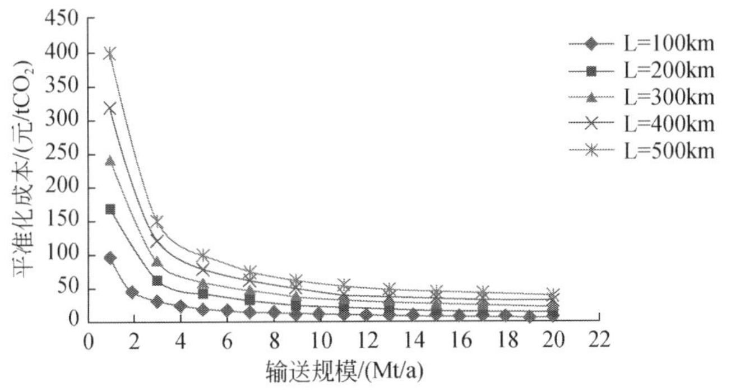

图4-9 海洋管道平准化成本随 CO_2 规模和管道长度的变化关系（运营年限20年）

案例：假设一条 CO_2 海洋运输管道，铺设在中国普通海域，管道输送距离150km，运输规模200万t/a，进口压力15Mpa，出口压力12Mpa，无增压站。运输年限20年。此示例管道的运输成本结果见表4-6。

表4-6 示例海洋 CO_2 管道运输成本（150km，2Mt/a）

投资列表	单位	结果
海管材料费用	万元	25 006.65
海底管道检验费	万元	1200.00
海上疏浚工程费用	万元	13 240.00
海上安装费用	万元	33 347.40
其他直接安装费用	万元	7500.00
海管建设其他费用	万元	2845.76
海管建设固定总投资	万元	83 139.80
年运营成本	万元/年	3325.59
平准化成本	元/tCO_2	48.58

4.5 船舶运输成本核算

船舶运输成本包括三大部分：短距管线投资（码头与排放源或与封存场地之间的衔接）、储罐投资和船舶自身租赁或投资。本研究即按照这三大部分分项核算累加得到船运成本。

4.5.1 船舶数量计算

船舶运输成本最基本的影响因子是船舶的数量，船舶数量计算方法及推荐参数见表4-7。

表4-7 船舶数量计算方法

	参数	计算方法与参数
船舶数量参数	CO_2运输规模/m^3	1325
	船舶容积/m^3	1500
	装载时间/h	船舶容积/ CO_2运输规模
	卸载时间/h	2
	船舶行驶速度/(km/h)	33
	运输距离/km	
	船舶离港时间/h	(运输距离×2/船舶行驶速度)+卸载时间
	船舶数量	INT（装载卸载时间/离港时间）+1

4.5.2 参数输入

短期示范推荐船舶运输，船舶运输的基本参数见表4-2，不过船舶停靠平台需要钻井平台的支持。CO_2的船舶运输包括装载、运输、卸载及返港准备下次运输四个步骤。一般情况，船舶转载点与源点，卸载点与存埋点之间存在一定距离，要求载点与源点，卸载点与存埋点之间需布置“短距管线”。

船运方式主要分为租船运输和自建船只运输。对于输送规模不大，采用船只租赁的方式比较合适；大规模的输送建议船只自建的运输方式。

表 4-8　CO_2船舶运输基本参数

基本参数	单位	数值	备注
船舶数量			船只租赁/船只自建
海上运距	km		
运输规模	kt/a		
船舶耗油量	L/km	2.42	
燃料价格（重油）	元/L	5.10	2015 年重油均价
储罐容积	m^3	1500	
短距管线长度	km		从捕集点到港口
短距管线进口压力	MPa	2.5	低温液态运输
短距管线出口压力	MPa	2.2	
短距管线运输温度	°C	-20	
短距管线管径	mm		计算方法同陆地管线

4.5.3　资本投资、维护与运营和 CO_2运输的平均成本

船舶运输成本包括路上短距管线、储罐及船舶等固定资本投资和运营成本。短距管线成本核算方法参考 4.2 节 CO_2陆地管道运输成本核算方法，储罐投资核算方法见表 4-9。

表 4-9　储罐投资核算

	参数	计算式
储罐成本	CO_2质量流量/(Mt/a)	
	尺寸/m^3	
	资本成本/元	
	折旧时间	
	利率 i	
	资本回收率（CRF）	$i*(1+i)^n/((1+i)^n-1)$
	储罐固定投资/元	资本成本＊2＊CRF
	储罐维护投资	

船舶运输技术参数和投资清单见表 4-10。

表 4-10　船舶资本成本及运营投资清单及相关参数

分项	清单	单位	参数
船舶运输资本成本	单船租赁成本	元/a	
	船舶数量		
	船舶资本成本	元	单船资本成本×船舶数量
	突发事件等附加费用	元	0.3×(船舶资本成本)
	船舶总资本成本	元/a	船舶资本成本+设施、工程、工程许可和突发事件等
船舶运输运营投资	玉环港口	年/a	码头自有，港口使用费暂不计
	海洋平台装卸包干费	元/a	船舶资本成本×0.01
	其他非燃料运行维护成本	元/a	船舶资本成本×0.047
	年运距	km/a	运距×2×365×0.75
	船舶耗油量	L/km	2.42
	年总燃料耗量	L	年运距×船舶耗油量
	燃料价格（重油）	元/L	重油平均价格
	燃料成本	元	燃料价格×年总燃料耗量
	海洋平台装卸费	元	运行维护成本×30%
	运行维护成本	元	

案例计算：CO_2 船舶运输方式，运输距离 150km，运输规模 500 000t/a，采用船舶租赁的方式，运输年限 3 年，成本结果见表 4-11。

表 4-11　案例：CO_2船舶运输成本核算结果

项目名称	单位	结果
短距管线建设成本	万元	274
短距管线运营管理成本	万元/a	10.96
储罐固定投资	万元	1468.8
储罐运行与维护费用	万元/a	2.93
船舶总资本成本（包括船舶租赁成本及设施工程及其他突发附加费用）	万元	2087.8
船舶运营维护成本（包括燃料费用、装卸费用及其他非燃料运营费用）	万元/a	2295.36
船舶运输固定投资	万元	3830.63
年运行管理费用	万元	221.46
均化成本	元/t	79.91

4.6 运输成本核算小结

CO_2陆地管道运输技术比较成熟，有国内石油天然气管道运输经验和美国CO_2管道运输技术为参考。运输成本核算也可参考国内石油天然气管道运输成本核算方法。CO_2海洋管道运输因为建设难度大，监测管理费用高，运输成本比陆地管道运输成本高出 2 ~ 3 倍，本书中的仅为初步概算，选取中国一般海域，列出了海洋管道运输成本的主要工程项目。海洋管道运输和船舶运输比起来，海洋管道运输更适合大规模长距离，长期连续封存的 CCUS 项目，但一次性投入非常大，若是短期示范建议选择船舶运输方式。

第5章 封存成本核算分析

5.1 封存边界和模型影响因素

5.1.1 CO_2咸水层封存技术方案

大规模CO_2封存方式（注入方式）对地质封存的安全性和经济性影响非常大，目前文献中主要的大规模CO_2注入方式有以下几种：

（1）单井注入。垂直井或者水平井注入，适用于项目注入速率小于单井极限注入速率，例如：单井的极限注入速率为1Mt/a，该项技术已经应用于多个CO_2咸水层封存示范项目。

（2）井场注入。大规模咸水层注入方式，采用多注入井同时注入可实现高注入速率，如每年数百万吨，但孔隙压力积聚的问题非常严重；该注入技术已进行了大量研究工作，由于没有大规模CO_2咸水层封存的工程，尚未得到应用与验证。

（3）多注入井和多生产井的井场（包含单井注入或单生产井模式）。可实现高注入速率，同时生产地下流体，主要适用于深部咸水封存和CO_2-EOR项目；加拿大和美国的CO_2-EOR项目已经大规模应用了该注入技术。

（4）多注入井注入和多压力控制井的井场。可实现高速率注入，同时生产地下流体，可控制断层、自然资源等区域附近的压力积聚，主要适用于深部咸水封存。该技术在（3）的基础上增加了压力控制井，压力控制井技术与（3）相比较成熟一些，可集成进行应用；目前只是由于没有大规模的CO_2咸水层封存工程，尚未得到有效验证。

综上，我们推荐采用方案（4）进行大规模CO_2咸水层注入与封存，因为这样可以限制CO_2和污染物的迁移区域，也可以最大限度的利用地下空间。大规模采用多井场注入，为了缓解或解决大规模注入产生的压力积聚和CO_2晕过度扩散的问题，所以必须采用井场控制工艺。

大规模封存项目可采用类似油气开采领域的注入井与生产井布局的方式，咸水层封存汇中的注入井与压力控制井 1∶1 或者 1∶0.5 的比例进行咸水层封存，压力控制井主要分布在 CO_2 注入允许场地外围和场地内部控制晕的迁移。咸水层封存井场可采用如图 5-1 所示的井网形式，这样做主要有以下好处：

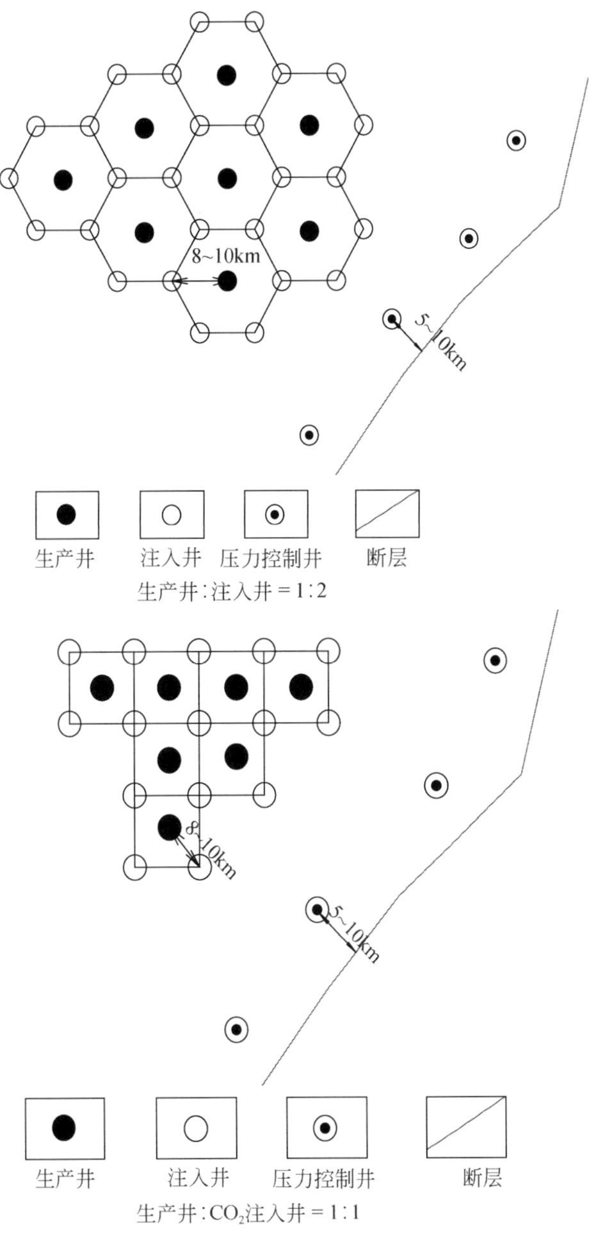

图 5-1　推荐 CO_2 咸水层封存的注入方式

（1）控制封存地层及封存地层影响的地层内的流体压力积聚，同时控制断层附件的流体压力，减少因流体压力导致断层活化的风险。

（2）最大限度利用地下多孔介质空间。

（3）控制 CO_2 晕和污染物的扩散主方向和范围。

（4）对可能受 CO_2 封存影响的大断层，需设置压力控制井，降低断层活化危险。

（5）降低盖层以下 CO_2 的压力，降低 CO_2 通过盖层和非密封性断层泄漏的风险。

而对于每年数十万吨封存规模的 CO_2 咸水层封存工程，推荐采用一口或多口注入井（注入井数量可取项目封存规模除以单井极限注入速率的整数）和压力控制井的井场进行注入。

废弃油田封存可利用井场原有的井网和设施条件，适当进行井场技术改进（钻井修复和封堵，增加少量新钻井）和增加防腐设备，即可变为废弃油田 CO_2 封存项目的井场。技术经济分析中，废弃油田 CO_2 封存项目可假设每口注入井需要对应 1.5 口石油生产井（这是基于美国 CO_2-EOR 项目数据，该数据表明注入井与生产井的平均比例是 1∶1.47）。

5.1.2　CO_2 封存成本的定义

封存成本是指将 CO_2 从运输终端（管道、罐车或船舶）输送并封存在适宜的地质体（封存场地）中，即 CO_2 输送的后阶段，在原有条件上新增的固定投资与运营维护成本（废弃油田封存利用原有井场）。

5.2　技术条件

所需要的 CO_2 注入井的数量和井场布局高度依赖于储层的性质，由于储层性质变异性强烈，钻井数量和布局变化也会非常大，会直接影响到咸水层封存的经济性。麻省理工学院（Herzog and Klett，2003）在美国的实际地层属性上做了一些统计分析，参见表 5-1 ~ 表 5-3。表中所示的储层关键属性包括储层压力（P_{res}）、厚度（H）、深度（D）、水平渗透率（k_h）和垂直渗透系数（k_v）。

表 5-1　代表性的咸水层储层性质

参数	单位	咸水层		
		基本案例	高成本案例	低成本案例
压力	MPa	8.4	11.8	5

续表

参数	单位	咸水层		
		基本案例	高成本案例	低成本案例
厚度	m	171	42	703
深度	m	1239	1784	694
渗透性	md	22	0.8	585

资料来源：Heddle et al.，2003

表 5-2 代表油藏属性的范围

参数	单位	油田储层		
		基本案例	高成本案例	低成本案例
压力	MPa	13.8	20.7	3.5
厚度	m	43	21	61
深度	m	1554	2134	1524
渗透性	md	5	5	19

资料来源：Heddle et al.，2003

表 5-3 天然气储层性质的代表范围

参数	单位	气田储层		
		基本案例	高成本案例	低成本案例
压力	MPa	3.5	6.9	2.1
厚度	m	31	15	61
深度	m	1524	3048	610
渗透性	md	1	0.8	10

资料来源：Heddle et al.，2003

相应的储层性能若采取表 5-3 中的“高成本案例”作为基准情景，这将导致注入井的最大数量，也造成最高的成本。同样的，若采用“低成本案例”的基准情景，将产生最低的成本。

CO_2的物理性质随温度和压力变化，由此需要确定储层任意深度的 CO_2的温度和压力。储层的原始温度 T_{res}：

$$T_{res}=T_{sur}+d\times(G_g/1000)$$

其中，T_{sur}为地表温度（℃）；G_g为地温梯度（℃/km）；d 为钻井深度（m）。

CO_2在储层的平均注入压力 P_{inter}：

$$P_{inter}=(P_{down}+P_{res})/2$$

其中，P_{down}是 CO_2井底压力（MPa）；P_{res}是 CO_2井口压力（MPa）；利用 P_{inter}和 T_{res}计算 CO_2密度和黏度（μ_{inter}）（McCollum，2006；National Institute of Standards and Technology，2006；Natcarb，2006）。

储层的绝对渗透率（k_a）公式（Law and Stefan，1996）：

$$k_a = (k_h \times k_v)^{0.5} = (k_h \times 0.3k_h)^{0.5}$$

其中，k_v为垂直渗透率（mD）；k_h为水平渗透率（mD）。这里0.3为k_v与k_h的近似比值，一般比值为0.01～1，鄂尔多斯和渤海湾盆地按照0.3取值。

储层内的CO_2的流动性［$10^{-12}m^2/(Pa \cdot s)$］（Herzog and Klett，2003）：

$$CO_2 mobility = k_a/\mu_{inter}$$

其中，μ_{inter}为CO_2管道中的黏度（P_{inter}）（mPa·s）；μ_{sur}为CO_2在表面温度时的黏度（T_{sur}）（mPa·s）；ρ_{sur}为CO_2注入的密度（kg/m^3）。

CO_2注入性计算公式（Law and Stefan，1996）：

$$CO_{2\ injectivity}\ [t/(MPa.\ m.\ d)] = 0.0208 \times CO_{2\ mobility}$$

其中，0.0208（t/m^3）参考美国数据，包含单位转换$10^{-12} \times 3600 \times 24 \times 10^6$和0.4经验系数（数值模拟与工程匹配的结果），具体详见（Law and Stefan，1996），采用该公式对中国10万t/a规模的示范工程注入量的计算结果与实际情况比较接近，本计算中仍然参考该数值。

单井的CO_2注入率（Herzog and Klett，2003）：

$$Q_{CO_2/well} = (CO_{2\ injectivity}) \times h \times \Delta P_{down} = (CO_{2\ injectivity}) \times h \times (P_{down} - P_{res})$$

其中，ΔP_{down}为CO_2井底压力与储层原始压力之差，$P_{down} - P_{res}$（MPa）；h为储层厚度（m）；$Q_{CO_2/well}$为CO_2的单井注入速率（t/d）。

注入井的数量（Herzog and Klett，2003）：

$$N_{calc} = m/Q_{CO_2/well}$$

这是计算所得到的注入井数量，m为CO_2的日运输量（t/d）实际数量应该在此基础上调整。

钻井数的计算是迭代的，由于井下注入压力（P_{down}）未知，P_{down}增加会由于注入井内CO_2的重力（P_{grav}）增加，而摩擦压力（ΔP_{pipe}）会降低井底压力（P_{down}）（Herzog and Klett，2003）。

$$P_{down} = P_{sur} + P_{grav} - \Delta P_{pipe}$$

CO_2密度和CO_2黏度可见参考文献（Natcarb，2006；National Institute of Standards and Technology，2006）或McCollum方程（MeCollum，2006）。

$$P_{grav} = (\rho_{sur} \times g \times d)/10^6 \quad (g = 9.81\ m/s^2)$$

在注入管内的摩擦压力损失和管道直径计算方式大致相同，首先雷诺数（R_e）计算公式如下（Herzog and Klett，2003）：

$$R_e = 4 \times (m \times 1000/24/3600/N_{calc})/\pi/\mu_{sur}/D_{pipe}$$

其中，1000、24和3600均是单位转换系数。

注入管直径（D_{pipe}）被假定为以下值之一，根据麻省理工学院的报告（Herzog and Klett，2003）：

0.059m（~2.3in）为咸水层的基本情况（低注入性情况）；

0.1m（~3.9 in）为咸水层的一般情况（中等注入性情况）；

0.5m（~19.7 in）为咸水层低成本情况（高注入性情况）。

在注入管中的范宁摩擦系数（F_f）的计算方程如下（Herzog，2006）①：

$$F_f=\frac{1}{4\left[-1.81\log_{10}\left\{\frac{6.91}{Re}+\left(\frac{0.3048\varepsilon/D}{3.7}\right)^{1.11}\right\}\right]^2}$$

其中，P_{inter}为注入井内平均压力（MPa）；P_{grav}为CO_2注入压力（MPa）；Re为雷诺数；ε为管道粗糙度（mm），取值0.04572 mm（Herzog and Klett，2003）；F_f为范宁摩擦系数。

摩擦压降是基于注入管内CO_2的速度（v_{pipe}）（Herzog，2006）计算。

$$v_{pipe}=(m\times1000/24/3600/N_{calc})/(\rho_{sur}\times\pi\times(D_{pipe}/2)^2)$$

$$\Delta P_{pipe}=(\rho_{sur}\times g\times F_f\times d\times v_{pipe}^2)/(D_{pipe}\times2\times g)/10^6$$

其中，v_{pipe}=CO_2在注入管内流速（m/s）；ΔP_{pipe}=注入管的摩擦压力损失（MPa）

再次，井底压力（P_{down}）的计算方法是：

$$P_{down}=P_{sur}+P_{grav}-\Delta P_{pipe}$$

其中，P_{sur}为CO_2的注入井井口的压力（MPa）；P_{res}为地层原始流体压力（MPa）；P_{down}为CO_2注入井的井底压力（MPa），P_{down}的计算值可以用于下一个迭代，迭代直到前后两次迭代得到的P_{down}之差与P_{down}比值小于一定值（即<1%）。

5.3 CO_2咸水层封存的成本核算

CO_2咸水层封存的成本核算基于一些关键技术参数，然后根据统计经济数据进行成本核算。

5.3.1 技术参数

基本技术参数确定后，便可以进行场地性能评估与成本核算，表5-4是参数输入案例。

① 与Herzog的e-mail交流得出。

表 5-4 咸水层封存成本核算关键参数输入

关键技术参数	单位	值	说明
注入速率（m）	t/d		
钻井深度（d）	m		
垂直渗透系数（K_v）	mD		k_v与k_h比值一般为0.01～1
储层的绝对渗透率（k_a）	mD		$k_a=(k_h \times k_v)^{0.5}$
井底注入压力系数			工程经验参数，取值范围1.2～1.8，依据现场地应力和岩石力学强度综合确定
地表入口压力 P_{sur}	MPa		工程经验参数
油管内摩擦阻力	MPa	3	工程经验参数（根据管路筛选结果定）
地表温度 T_{sur}	C		场地平均条件
地温梯度 G_g	C/km		根据地质条件确定
管道粗糙度 ε	inch	0.00015	工程经验参数（油管内部粗糙度）
CO_2管道中黏度 μ_{inter}	Pa. s		CO_2密度和CO_2黏度可见参考文献（参考条件）
CO_2注入密度 ρ_{sur}	kg/m^3		CO_2密度和CO_2黏度可见参考文献（参考条件）
重力加速度 g	m/s^2	9.81	
储层的原始温度 T_{res}	C		$T_{res}=T_{sur}+d\times(G_g/1000)$
CO_2井底初始压力 P_{res}	MPa		静水压力计算
CO_2井底压力 P_{down}	MPa		注入压力极限值（P_{CO_2}）
注入井平均压力 P_{inter}	MPa		$P_{inter}=(P_{down}+P_{res})/2$
CO_2输送转换压力 $P_{cut-off}$	MPa		工程经验参数
CO_2输送出口压力 P_{final}	MPa		
CO_2压缩泵效率 η_p		0.75	工程经验参数
压缩泵功率 W_p	KW		压缩机功率
CO_2管径（油管管径）	inch	4	由工程经验确定：约2.3in为咸水层的基本情况（低注入性情况）；约3.9 in为咸水层的一般情况（中等注入性情况）；约19.7 in）为咸水层低成本情况（高注入性情况）。或由迭代计算

5.3.2 封存固定投资、维护与运行和CO_2封存的平准化成本

1. 封存固定投资成本

封存固定投资成本包括现场勘察和场地评估费用、钻井与CO_2管网成本、注入设备成本。

（1）现场勘察和场地评估费用：参考史密斯对封存场地评估的成本估算（Smith et al.，2001），采用2005年美元标准，一口井地点勘察和评估费用（C_{site}）为1 857 773美元。

（2）钻井与CO_2管网成本：参考麻省理工学院开发的估算陆上注入钻井成本的计算方法以及《1998 年联合美国调查钻井成本（JAS）》报告，同时参考 Pahowski 等（2012）中的井场连接成本，获得钻井和CO_2管网的成本计算如下：

$$C_{drill}=N_{well}\times 10^6\times 0.1063e^{0.0008\times d}+N_{well}\times 43\,600\times(7389/(280\cdot N_{well}))^{0.5}$$

钻井总数N_{well}包含注入井和压力控制井的数量，压力控制井参照注入井与压力控制井比例获取（1∶0.5），计算单位采用 2005 年美元标准。

（3）注入设备的投资成本：该投资成本估算参考 Herzog 和 Klett（2003）的实际注入费用在《成本和国内石油和天然气领域的指数设备和生产经营的报告》中的计算方法。注入设备的费用主要包括厂房、配电线路和电气服务，采用 2005 年美元标准。采用下列公式进行计算：

$$C_{equip}=N_{well}\times\{49433\times[m/(280\times N_{well})]^{0.5}\}$$

其中，C_{equip}为设备费（美元）；49433 为系数，可根据油田具体条件进行更新。

CO_2咸水层封存的封存固定投资成本为

$$C_{total}=C_{site}+C_{equip}+C_{drill}$$

封存年投资成本通过下式计算：

$$C_{annual}=C_{total}\times \mathrm{CRF}\ (i=0.12,\ n=20)$$

其中，C_{annual}为封存年投资成本（美元/a）；CRF 为资本回收因子；i 为贴现率；n 为资本计算年限（a）。

2. 运行与维护成本

运行与维护成本分四类：正常的日常开支（$O\&M_{daily}$）、耗材（$O\&M_{cons}$）、地面设备的维护（$O\&M_{sur}$）和地下维护（$O\&M_{subsur}$）。参考了 EIA 的 *Costs and Indices for Domestic Oil and Gas Field Equipment and Production Operation* 的报告，采用 2005 年的美元标准。

$$O\&M_{daily}=N_{well}\times 7596$$

$$O\&M_{cons}=N_{well}\times 20\,295$$

$$O\&M_{sur}=N_{well}\times\{15420\times[m/(280\times N_{well})]^{0.5}\}$$

$$O\&M_{subsur}=N_{well}\times\{5669\times(d/1219)\}$$

$$O\&M_{total}=O\&M_{daily}+O\&M_{cons}+O\&M_{sur}+O\&M_{subsur}$$

其中，7596、20 295、15 420、5669 为推荐值，可根据中国实际情况调整；$O\&M_{daily}$为运行与维护中日常开支成本（美元/a）；$O\&M_{cons}$为运行与维护中消费品的成本（美元/a）；$O\&M_{sur}$为运行与维护中地面运行与维护费（美元/a）；$O\&M_{subsur}$为运行与维护中地下维护费（美元/a）；$O\&M_{total}$为年总运营和维护费用（美元/a）。

3. CO_2封存的平准化成本

年总成本：

$$\text{Total Annual Cost} = C_{annual} + \text{O\&M}_{total}$$

每年封存的 CO_2 总量 m_{year}：

$$m_{year} = m \times 365 \times \text{CF} \quad （其中\ \text{CF}=0.80）$$

CO_2咸水层封存的平准化成本：

$$\text{Levelized Cost} = （\text{Total Annual Cost}）/ m_{year}$$

假设鄂尔多斯盆地和渤海湾盆地内的单井注入量分别取 0.2Mt/a 和 1Mt/a 开展封存，图 5-2 和图 5-3 为两个盆地内封存单位成本随封存规模的变化关系。图中显示 CO_2咸水层封存成本随封存量增加而降低，当规模超过 1Mt/a 后，其规模效应逐步不明显。

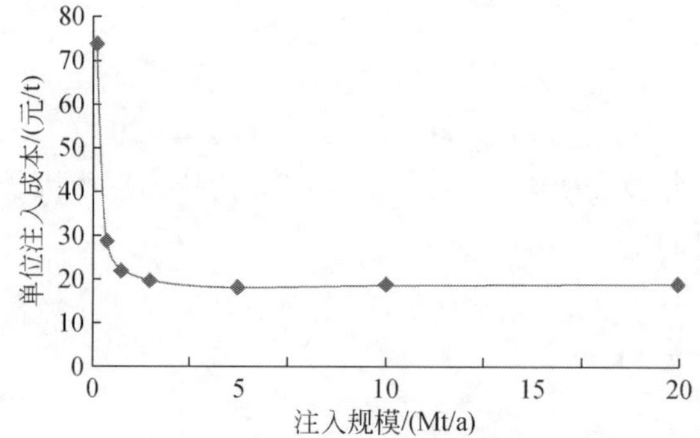

图 5-2　鄂尔多斯盆地内开展封存成本随注入规模的关系

注：注入井：控制井=1：0.5

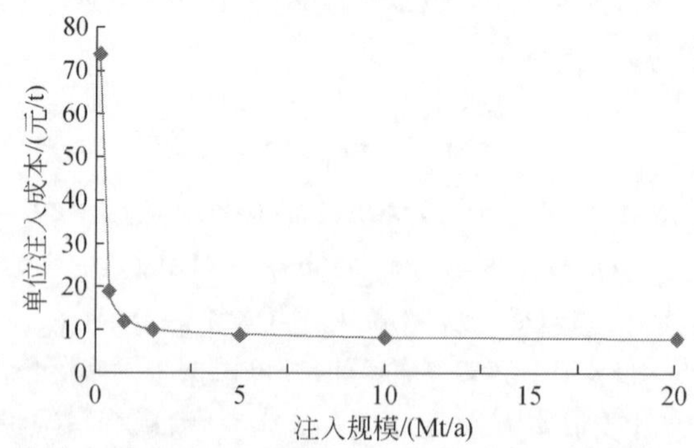

图 5-3　渤海湾盆地内开展封存成本随注入规模的关系

注：当注入井井数为 4 口及以上时，注入井：控制井按 1：0.5 比例设定；
注入井井数小于 4 时，必须有两口监测井或控制井

出现这种现象的主要原因为，1Mt/a 规模以下的封存工程，钻井至少包含一口注入井和两口监测井（其中一口可用作压力控制井），地质勘察和监测等多种成本比较固定，导致单位封存 CO_2成本较高（特别是单井极限注入量大于封存规模时）；当封存规模超过一定程度后，勘察、监测费用均摊后的单位 CO_2成本降低，而注入量超过 2Mt/a 后，单位 CO_2的平准化成本相对稳定。咸水层封存投资预算如表 5-5 所示。

表 5-5　咸水层封存投资预算清单

清单			单位	备注
CO_2 封存成本	固定投资	地点勘察和评估费用	万元	采用三维地震、地质勘查、钻探等技术
		设备费	万元	包括注入设备、厂房、配电线路和电气服务等
		钻井费用	万元	注入井、生产井、监测及压力控制井数量
		封存总投资	万元	总的固定投资
		封存平准化投资	万元/a	考虑项目周期和资本回收系数 CRF
	运行与维护费用	钻井日常开支	万元/a	正常日常支出
		消耗品成本	万元/a	消耗品
		地面维护费	万元/a	地面设备维护
		地下维护费	万元/a	地下设备维护
		CO_2增压成本	万元/a	CO_2增压及防腐成本
		总运营和维护费用	万元/a	总的运营和维护费用
	总年成本		万元/a	固定投资成本与运营和维护成本之和
	年平准化成本		万元/a	考虑 CO_2年注入量

5.4　CO_2 废弃油田成本核算

在油气开采过程中，总有一些油田无法采用现有油气开采技术进行有效开采（或经济上并不合算），需要进行报废处理，结束其生产油气作业，这种油田称为废弃油田。废弃油田虽不能再生产油气，却可以用来封存 CO_2。CO_2废弃油田封存技术是最大可能地利用现有的井网（或者井场）和设备进行改造，并增加部分地表注入设备和处理设备，从而高效地开展 CO_2地质封存。

5.4.1　参数输入

废弃油田封存相对于咸水层封存，主要区别是基于现有的井场进行井网改造，开展部分钻井修复与改造，同时封堵部分废弃钻井。其他技术可参考咸水层封存的技术，参数输入参考咸水层封存技术参数。

5.4.2 废弃油井封存固定投资、运行和维护成本

1. 固定投资

废弃井废弃油田固定投资成本包括场地表征成本、设备投资（注入设备和租赁设备）成本、废弃井维修改造成本。

（1）场地表征成本。场地表征技术包括测井技术、3D 地震勘察技术等。具有地震数据和测井数据的油田，场地表征工作及成本将大大降低；在现有油田的基础场地表征数据和场地运行数据基础上的表征成本非常低，仅仅考虑场地数据处理费用，10% 的场地表征成本。

（2）设备投资成本。包括主要井场修复（包含废弃钻井封堵）、注入设备（如注入撬、井口）以及相关设备租赁（如支管、泵、分离器等）的费用。

$$C_{IE}=N_{well,sub}\cdot a_1\cdot e^{a2}, C_{lease}=N_{well,sub}\cdot a_1\cdot e^{a2}$$

其中，C_{IE}是注入设备投资成本；C_{lease}是租赁设备投资成本；a_1，a_2是回归系数，参考 McCoy（2008）和 Sulem and ouffroukh（2006）。

表 5-6 投资成本估算所用的相关回归系数模型

地区或国家	注入井设备		租赁设备	
	a_1/美元	a_2	a_1/美元	a_2
S-L-A	31226	2.81×10^4	36749	2.99×10^2
中国	2900	2.81×10^4	32000	2.99×10^2

（3）井网改造包含钻井大修或维修、废弃井封堵、新钻井、管路连接等成本。

钻井大修或维修成本：$C_{WO}=N_{well,sub}\cdot(0.5\cdot C_{IE})$

其中，C_{WO}是维修投资成本。

废弃井封堵成本：$C_{seal}=N_{well,sub}\cdot P_{seal}$

其中，C_{seal}是单位废弃钻井封堵投资成本。

井场管路连接成本：井场链接管路的成本参考 Bock et al.（2003）和 Dahowski et al.（2012）的方法。

$$C_{FL}=N_{well}\cdot 43\ 600\cdot(7389/(280\cdot N_{well}))^{0.5}$$

其中，C_{FL}是管路与井网连接的成本。

（4）其他设备成本。比如泵、分离器和其他设备，简化为井网总投资成本的10%。

总固定投资　$C_{total}=C_{site}+C_{lease}+C_{IE}+C_{wo}+C_{seal}+C_{FL}$

年投资成本　$C_{annual}=C_{total}$CRF CRF=1－（1/（1+r）^{T}）/r

其中，C_{annual}为年投资成本（美元/a）；CRF为资本回收系数；r为贴现率；T为项目周期（a）。

2. 运行和维护成本（O&M）

运行和维护成本包括正常的日常开支、耗材、地表设备维护和地下设备维护。核算方法参考咸水层封存运行维护成本核算方法。

废弃油田的封存过程封存与咸水层封存类似，区别在于利用现有的钻井与地表设备，需要现有井网改造（钻井修复、钻井封堵）、地表设备寿命延长或新增设备等固定资本投入。

5.5　封存成本核算小结

CO_2封存方式可细分为CO_2咸水层封存或废弃油田封存。咸水层封存需要重新钻井和安装设备；而废弃油田封存则是利用现有的井网和设备进行改造，增加少量钻井。咸水层封存成本和废弃井油田封存成本都包括固定成本和运行维护成本。咸水层封存固定投资成本包括现场勘察和场地评估费用、钻井与CO_2管网成本、注入设备成本；废弃井废弃油田封存固定投资成本包括现场勘察和场地评估费用、井网改造（钻井修复、钻井封堵）、CO_2管网改造成本、注入设备、废水处置等成本。封存的运行与维护成本分四类：正常的日常开支、耗材、地面设备的维护和地下维护。两者成本计算方式类似。

第6章 CCUS融资渠道分析

6.1 发展CCUS的巨额资金需求

据IEA预测，为实现全球2℃的温控目标，到2020年前，全球需发展100个CCS项目（表6-1），其主要资金来自政府支持，额外投资约为540亿美元；而到2050年，全球开发项目需达到3400个，届时将需要额外投资2.5万亿~3万亿美元，约占此期间450ppm情景下总投资的6%。同时，IEA认为中国和印度近期（2010~2020年）可能需要190亿美元的资金，而长期（2010~2050年）则需要1.17万亿美元的发展资金①。

表6-1 IEA预测CCS项目数量和所需投资

投资国家和地区	到2020年项目数量/个	到2050年项目数量/个	2010~2020年项目投资/亿美元	2010~2050年项目投资/亿美元
世界	100	3400	1300	50 700
OECD	56	1 190	916	21 350
非OECD	29	1 260	198	17 600
中国和印度	21	950	190	11700

注：不包括在运输和封存上的投资

资料来源：Ashoworth P. An overview of public perception to CCS. http://www.CO2captureandstorage.info/SummerSchool/SS09%20presentation/19_Ashworth.pdf. 2011-05-11

纵观各国已经发布的CCS项目计划，投资总额大约为400亿美元（表6-2）。这些投资项目普遍将于2020年前完成，但是最乐观的估计也仅能占2010~2020年需要投资额的31%左右，距IEA的估计还有很大差距。

① IEA：Technology Roadmap：Carbon Capture And Storage. http://www.iea.org/papers/2009/CCS_Roadmap.pdf.

表 6-2　部分国家和地区政府对 CCS 的资金投入

国家或地区	资金	说明
加拿大	85 亿加元（合 83.8 亿美元）	联邦政府提供 65 亿加元（合 64 亿美元） 埃尔伯塔省（Alberta）提供 20 亿加元（合 19.8 亿美元）
欧盟	10.5 亿欧元（合 15 亿美元） 3 亿 EU-ETS 单位的拍卖额	其中 10.5 亿欧元属于欧盟经济复苏计划，支持欧洲 7 个 CCS 项目；3 亿 EU-ETS 单位的拍卖额为 CCS 与新能源共有
澳大利亚	40 亿澳元（34.9 亿美元）	政府提供 25 亿澳元（合 22 亿美元） 各省政府承诺提供 5 亿澳元（合 4.3 亿美元） 煤矿企业提供 10 亿澳元（合 8.6 亿美元）
美国	34 亿美元	2009 年经济复苏案
英国	95 亿英镑	2010 年能源法案，承诺资助 2～4 个完整的 CCS 示范项目
挪威	9.05 亿美元投资 Monstad CCS 项目的建设投资和运营费用 3000 万美元/a 的研发经费	为欧盟新成员提供 1.4 亿欧元（约合 2.05 亿美元）的资金；为欧洲 CO_2 技术中心（European CO_2 Technology Center Monstad）提供 43 亿挪威克朗（合 7 亿美元） 承担 Monstad CCS 项目的建设投资和运营费用，并且每年为 CCS 的研发提供 1.8 亿挪威克朗（合 3000 万美元）
日本	1080 亿日元（合 11.6 亿美元）	自 2008 年起，用于 CCS 的研发和示范

在政策支持层面上，2009 年的 COP15 会议达成的《哥本哈根协定》（Copenhagen Accord）没有给发展 CCS 更多希望。一方面，《哥本哈根协定》中约定的资金将主要用于发展中国家的气候适应问题，与 CCS 几无关联；另一方面，从资金规模上，可能提供的资金也与所需的资金数额之间存在着明显的差距。

2010 年 12 月的 COP16 会议达成了《坎昆协定》（Cancun Accords），并提出了将 CCS 项目纳入清洁发展机制之中，一定程度上为 CCS 的发展提供了可能。然而 COP16 会议的成果依然没有直接涉及具体的项目，而且在承认地质封存的 CCS 有望成为合格的 CDM 项目的同时，也明确指出这需要事先给出以下问题的解决方案，包括封存的持久性，测量、报告、验证，环境影响，项目活动的边界，国际法，长期责任分配，潜在的负面影响，泄露发生后的保险和赔偿等。因此 CCS 能否被正式列为 CDM 项目还存在诸多挑战和不确定性，而且即使顺利实施，其对 CCS 的资助力度也仍然充满未知。

6.2 国际 CCUS 项目融资现状

目前低碳技术融资的渠道主要体现在两个层面与两种途径：两个层面主要体现在国际层面上气候融资机制与国家层面的政府融资激励政策；两种途径主要是政府直接参与投资与银行等其他市场参与者的推动。

通过以上对目前主要的针对低碳技术发展的融资与激励机制的总结与归纳，可以发现低碳技术融资渠道主要有三个方面的来源，即国际层面的气候融资、政府直接投资、金融机构参与融资，见表 6-3。可以看出，国际气候融资机制受到气候变化谈判进程缓慢的不利影响，而金融机构等其他市场参与者较少，政府在低碳技术投资方面的作用与地位显得尤为重要。

表 6-3 低碳技术融资渠道归纳

渠道	典型案例	资金来源	资金规模
国际气候融资	绿色气候基金	发达国家出资	在 2013 年至 2020 年间每年提供 1000 亿美元的长期资金
	世界银行原型碳基金	部分发达国家和大型能源公司或金融机构	18 000 万美元
政府直接投资	加拿大政府建筑物安装和使用太阳能加热装置	政府出资	3590 万加元
	美国《复苏和再投资法案》	政府出资	580 亿美元
	英国碳预算计划	政府预算开支	4.05 亿英镑
金融机构参与融资	德国复兴信贷银行碳基金	与德国政府合作出资	7000 万欧元
	德意志银行	贷款	为德国光伏开发商 SRU Solarand Parabel 开发的 29.1MW 太阳能电站项目提供 3500 万欧元（合 4670 万美元）的融资

6.3 政府补贴和投资

6.3.1 政府补贴

2008 年美国国会提出了《利伯曼－华纳气候安全法》（Lieberman- Warner

Climate Security Act)。该议案提出了加速 CCS 推广的三个机制：免费额外排放额度（free bonus allowances）、通过新建电厂的排放性能标准强制实施 CCS（mandatory CCS through emission performance standard for new plants）和补贴（subsidies）。《利伯曼-华纳气候安全法》预计将会提供高达 175 亿美元用于 CCS 示范阶段的项目。虽然限于美国国内政治进程，该法案仅被众议院通过，并且还需要参议院批准另一个类似的法案才能最终综合成一个有法律效力的文本，但其内容为推动 CCS 研发和示范提供了可借鉴的立法思路。

6.3.2 政府直接投资

一些具有国家背景的企业直接投资 CCS 示范项目。如阿尔及利亚国家油气公司 Sonatrach、英国石油 BP 和挪威国家石油公司 Statoil 共同投资了位于阿尔及利亚撒哈拉沙漠的天然气田的 CCS 项目。在中国，2009 年 12 月投入运营的上海石洞口第二电厂配套碳捕集装置，则由华能集团出资，总投资 1.3 亿元，年捕集 CO_2 约为 12 万 t，该项目通过将捕集的 CO_2 销售给中间商补贴部分运营成本。

6.3.3 公私合营

典型的公司合营（public-private-partnership，PPP）是指成立一个开放的资金库，由政府主导出资，其他相关的私人和企业可以不断向该资金库中注资，形成更庞大的资金源，同时分摊风险。类似机制已被用于核能电站的安全资金管理，但对于 CCS 的公私合营仍属于研究中的创新机制。一个例子是由欧盟委员会、企业、非政府组织、学术界和环保者组成的欧洲化石燃料电厂零排放技术平台。另一个例子是 CO_2 捕集项目，该项目由来自北美、意大利和挪威等国的 8 个大型能源企业的联合，同政府、非政府组织及其他利益相关者合作，旨在促成 CO_2 捕集技术上的突破，从而降低 CO_2 捕集成本。

6.4 研发资助

2009 年，挪威政府预算草案中有约 19 亿挪威克朗（约合 3.2 亿美元）用于 CCS 示范工程，其中，Mongstad 和 Kårstø CO_2 捕集项目分别获得 9.2 亿挪威克朗（约合 1.5 亿美元）和 1.9 亿挪威克朗（约合 3000 万美元）的资金支持；CO_2 运输和封存方面获得 5.7 亿挪威克朗（约合 9600 万美元）的资金支持①。

由欧盟委员会和欧盟第六框架计划共同资助了 DYNAMIS 项目，集合了包括 12 个欧洲国家，32 个企业、非政府组织以及学术界成员在内的合作伙伴，旨在研究大规模、低成本 CCS+制氢的可行路径，通过大型脱碳燃料利用，CO_2 储存和制氢设施试验为欧洲如何进入氢能源社会提供指导。

6.5 税收政策

6.5.1 减税

2018 年 2 月 9 日，《2018 财年两党预算法案》对《2008 年碳封存税收法案》进行了修订，大幅提高了对 CO_2 封存的税收补贴强度和范围，将极大促进未来 CCS 技术的研究发、示范及商业化部署。

6.5.2 征收碳税

征收碳税或其他特别费也是欧盟及其他国家为 CCS 筹资的一种渠道，如挪威政府从 1991 年开始征收的碳税。根据 STRACO2 项目的研究，2008 年折算后的挪威碳税高达约 38 欧元/tCO_2，已经超过当地 CCS 技术的单位成本，使得一些示范项目在经济上实现可行。挪威国家石油公司的 Sleipner CO_2 封存项目年封存 CO_2 约为 100 万 t。比较而言，如果将 CO_2 排入大气层，石油公司每年需要交税 5000 万美元。而使用 CCS 后，在一年半里节约的税金就抵偿了投资。挪威的案例说明税收政策能对 CSS 的投资产生明显的影响，但创立任何新的税种，都需要根据本国国情、发展阶段、社会经济水平等条件，进行科学全面的反复论证。此外，澳大利亚下议院在 2011 年 10 月 12 日通过了碳税法案，于 2012 年开始征收碳税（每吨 23 澳元起，年增幅约 2.5%），将对 CCS 项目的投融资产生相应的影响。

6.6 市场化融资手段

能否采用市场化手段为 CCS 融资取决于 CCS 技术成熟程度。当 CCS 技术逐

① http：//www.carboncapturejournal.com/displaynews.php？newID=281

渐成熟时，其减排成本也将具备一定的竞争力，可以吸引更多企业采用CCS。

6.6.1 清洁发展机制（CDM）

早在2005年气候谈判会议上，就有相关方正式向CDM的执行理事会（EB）提出应将CCS纳入CDM体系，并成为历届谈判大会的焦点。但是由于CCS减排作用未被有效证明，以及石油生产国和小岛国之间的意见分歧等原因，EB对将CCS纳入CDM体系一直持否定态度。直到2010年12月COP16会议上，《联合国气候变化框架公约》通过决议，决定有条件地将地质封存的CCS作为CDM项目的一种类型。

6.6.2 碳排放配额交易

欧盟委员会建议各国政府通过拍卖碳排放配额作为CCS项目筹集资金支持。据估算，2013年后，欧盟在发电领域的碳排放配额拍卖可以产生每年超过280亿欧元（约合403亿美元）的收入；如果美国也采取类似的排放额拍卖机制，预计可以产生每年1000亿~3000亿美元的收入。但是能否通过拍卖排放额为CCS筹集足够的资金还存在疑问，从欧盟排放交易体系的前两个交易期的实施情况看，改免费发放排放配额为拍卖的提议一直都有，但实际执行的非常有限，企业难以接受为排放配额增加额外的成本。

此外，可以给CCS项目分配免费排放配额，帮助其融资。例如：欧洲的CCS旗舰项目从欧盟排放交易体系中获得3亿t的排放配额，用于支持10~12个商业化CCS项目，并预计在2013~2020年共发放140亿t的排放配额用于拍卖。澳大利亚也在2015年建立了碳排放交易体系。但是，这种措施也存在很多的不确定性，首先，它依赖于排放额分配制度的整体设计，有多少用于拍卖，有多少用于免费发放，给CCS项目的免费配额占多大比例；其次，它依赖于发达国家整体减排目标的大小，并决定碳市场的需求，减排目标越高，市场需求越大，碳价格越高，给CCS项目免费配额筹集的资金就越多，反之就越少。可见，这种政策工具是一种融资渠道，很难成为一种稳定的资金来源。

6.7 其他融资渠道

其他可能的融资包括电价调控、低碳能源供应配额、信托基金、CO_2商业化利用等。但是这些手段都尚未成熟，仍在探讨或小规模试验阶段。

6.7.1 电价调控

通过提高电价而建立专门的 CCS 基金可作为一种稳定的融资渠道，但提高电价将增加消费者的生活成本和企业的生产成本，容易招致抵制。对中国而言，有研究表明在中国电厂推广使用 CCS 可能使电价上涨一倍，因此社会的承受能力可能成为最重要的影响因素。

6.7.2 低碳能源供应配额

低碳能源供应许可要求低碳或零碳排放能源在总能源供应中所占份额。如要求电厂的发电量中有一定比例的电力来自清洁能源，限制未使用 CCS 技术的电厂的供电量，对 CO_2 排放强度不同的电厂实施不同的上网电价等。

6.7.3 CCS 信托基金

CCS 信托基金会接收政府在限制温室气体排放方面获得的收入，同时将这些资金用于 CCS 项目的建设。美国已经提出成立 CCS 专用的信托基金来为 CCS 的推广筹集资金，通过该基金对项目的补贴，加速建立 CCS 示范项目。2009 年 12 月，挪威政府宣布出资 3500 万挪威克朗（约合 600 万美元），帮助世界银行建立一支 CCS 信托基金。该基金的目的是增强发展中国家碳捕集与封存的技术能力。

6.7.4 CO_2的商业化利用

CO_2本身也是一种资源，善加利用可产生一定的经济效益，如提高石油采收率和用于产品生产等。CO_2用于工业生产或作为化学品原料加以利用已粗具规模。对于 CCS 项目中的 CO_2，还可以在封存的同时实现提高石油、天然气及煤层气的采收率。

第 7 章 全流程 CCUS 项目成本核算

7.1 基于额外现金流的 CCS 现金流量分析方法

7.1.1 CCS 全流程额外现金流分析框架

本章通过整理 CCS 项目可能的融资渠道及融资主体的关注点，给出了 CCS 的融资核算方法。基于现金流量表计算融资主体关注的指标数值，并进一步分析融资过程中的不确定因素，进而评价其融资结构。

结合前几个章节中详细介绍的 CCS 各个环节的成本核算方法，我们在本章将从经营角度出发，构建 CCS 的现金流量表。现金流量表中的现金流入和流出项目同样与成本核算中的增量部分相关，即不考虑基准项目的经营状况（例如，电厂发电业务的收益成本核算不纳入考虑），只考虑与 CO_2 捕获运输利用及封存相应的成本及可能产生的收益（用于 CO_2 捕获的厂用电增加将被纳入现金流中的成本项）。这里我们称之为 CCS 额外现金流核算。具体的分析框架见图 7-1。

现金流入在建设期为筹集到的资金，在运营期包括三部分，分别为主营业务收入、其他业务收入和核证减排量的收入（由于 CCS 会带来 CO_2 排放的减少，因此可能会产生核证减排量的收入）。现金流出在建设期包括土建及设备投资、管理及其他费用和财务费用（此处仅指贷款利息），运行期包括设备维护费、运营成本、管理费及其他费用、财务费用（此处仅指贷款利息）、偿还贷款、融资租赁费用、营业税金及附加、所得税和股利分配。

7.1.2 主要核算项介绍

现金流量中各流程的建设成本与运营成本见第 3 ~ 5 章，其余各部分核算方法具体如下：

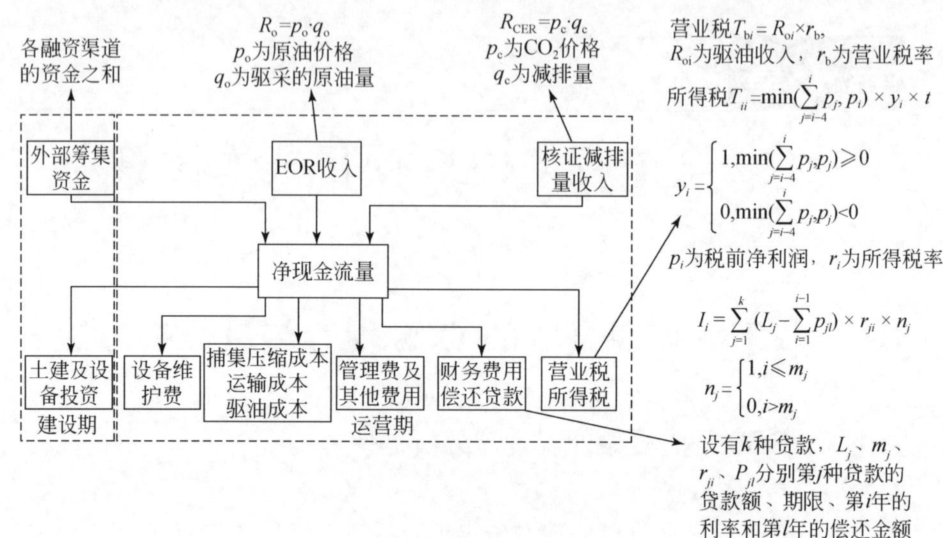

图 7-1　CCS 额外现金流分析框架

注：此处的现金流均指项目带来的额外现金流，不包括原有项目的现金流量

1. 核证减排量收入

CCS 技术是针对化石能源使用而导致的温室气体排放，考虑将 CO_2 赋予价格 p_{CO_2}。p_{CO_2}既可以被理解为电力企业对其所造成的排放所付出的代价（电力企业采用 CCS 技术后可以避免因采用化石能源发电而需要付出的额外代价）；也可以被理解为电力企业因出售温室气体核证减排量而获得的额外收入（电力企业采用 CCS 技术之后可以通过出售核证减排量获得额外收益，进而补贴其采用 CCS 技术所导致的额外成本）。因为在捕集过程中增加了能源消耗，故设定捕集的 CO_2 中有效减排量比例为 η_{CO_2}。则电厂每年因减排而带来的收入（r_{Abe}）为

$$r_{Abe}=p_{CO_2}\cdot\eta_{CO_2}\cdot q_{CO_2}$$

2. 油田 EOR 收入核算

首先分析 EOR 驱油量变化。

CO_2在第一年无回收，从第二年开始回收，回收率逐年上升。在传统的 EOR 项目中，CO_2 的回收率为 30%（Bloomberg，2012；Martin and Taber，1992；Brock and Byran，1989）。本章取上升速度为 2.5%/a，上升至 30% 后停止，保持不变，

即第 t 年 CO_2 的回收率

$$r_{CO_2rec,\ t}=\begin{cases}2.5\%(t-1), & t\leqslant 13\\ 30\%, & t>13\end{cases}$$

第 t 年电厂提供的 CO_2 量为 $q_{CO_2ele,i}$，则第 t 年的注入量

$$q_{CO_2in,\ t}=q_{CO_2ele,\ t}+q_{CO_2ele,\ t-1}\cdot r_{CO_2rec,\ t-1}-q_{CO_2ind}$$

为了简化，假设油田是同质的，即相同时期 EOR 的效率是一样的。对现有 EOR 项目中的产油量进行拟合（GCSSI，2012；Jakobsen et al.，2005），发现在项目运行初期，EOR 的效率呈指数上升，在第 8 年达到峰值，然后直线下降至第 10 年，再呈指数下降至项目运营期末。EOR 的效率函数：

$$e_{EOR,\ t}=\begin{cases}e^{0.791t-4.662}/6.93, & t\leqslant 8\\ -0.0145t+0.560, & 8\leqslant t\leqslant 10\\ e^{-0.183t+2.851}/6.93, & t\geqslant 10\end{cases}$$

因此，可绘制驱油量曲线，如图 7-2 所示。

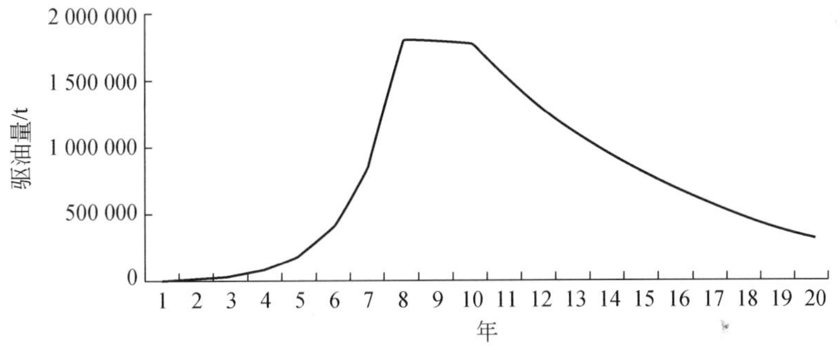

图 7-2 驱油量曲线

驱油期间，油田的额外收入为采用 CO_2-EOR 驱油获得的收入：

$$r_{oil}=p_{oil}\cdot q_{oil}$$

其中，p_{oil}为油价；q_{oil}为驱油量。

这里需要说明的是，电厂每年可以捕获的 CO_2 量可以很大程度上稳定在某个水平，而油田的驱油量则取决于每年注入的 CO_2 量 q_{CO_2in}和 EOR 效率 e_{EOR}，$q_{oil}=q_{CO_2in}\cdot e_{EOR}$。$q_{CO_2in}$包括两部分：①来自电厂的 q_{EOR}；②从上一年驱油后回收的 CO_2（$q_{CO_2in}(t-1)\cdot r_{CO_2rec}(t)$，$r_{CO_2rec}$为 CO_2 回收率）。因此 $q_{CO_2in}(t)=q_{EOR}(t)+q_{CO_2in}(t-1)\cdot r_{CO_2rec}(t)$。

3. 贷款利息

CCUS 项目有 k 种贷款，贷款额分别为 L_1、L_2、$\cdots L_k$，期限分别为 m_1、m_2、$\cdots$

m_k，第 t 年的利率分别为 r_{1i}、r_{2i}、$\cdots r_{ki}$，第 t 年的偿还金额分别为 P_{1i}、P_{2i}、$\cdots P_{ki}$，则第 t 年偿还的利息为

$$I_t = \sum_{j=1}^{k} \left(L_j - \sum_{l=1}^{t-1} P_{jl}\right) \times r_{jt} \times n_j,\ n_j = \begin{cases} 1,\ t \leqslant m_j \\ 0,\ t > m_j \end{cases}$$

4. 营业税金及附加

可征税的收入为主营业务收入和其他业务收入，第 t 年需缴纳营业税金及附加金额为

$$T_{bi} = (R_{mi} + R_{oi}) \times r_b$$

其中，R_{mi}、R_{oi} 分别表示项目第 i 年的的主营业务收入、其他收入；r_b 表示营业税率。

5. 所得税

第 i 年的税前利润：

$$p_i = R_{mi} + R_{oi} + R_{CERi} - C_{fi} - C_{mi} - C_{oi} - F_i - I_i - P_i - F_{ri} - T_{bi}$$

其中，R_{mi}、R_{oi} 和 R_{CERi} 分别表示项目第 i 年的主营业务收入、其他收入和核证减排量收入；C_{fi}、C_{mi}、C_{oi}、F_i、I_i、P_i、$F_{ri}C_{fi}$、C_{mi}、C_{oi}、F_i、I_i、P_i、F_{ri} 分别表示土建及设备投资、设备维护费、运营成本、管理费及其他费用、贷款利息、偿还本金、融资租赁费用和营业税。

由于项目的利润可以补五年内的亏损，因此第 t 年需缴纳的所得税为

$$T_{it} = \min\left(\sum_{j=t-4}^{t} p_j,\ p_t\right) \times y_t \times r_t\ ,\ y_t = \begin{cases} 1,\ \min\left(\sum_{j=t-4}^{t} p_j,\ p_j\right) \geqslant 0 \\ 0,\ \min\left(\sum_{j=t-4}^{t} p_j,\ p_j\right) < 0 \end{cases}$$

6. 出售 CO_2 收入核算

在分别进行核算时，存在电厂出售 CO_2 给油田的交易，因此，存在一定的现金流量。设定电厂出售价格 p_{EOR}，为油田用来驱油的 CO_2 年使用量为 q_{EOR}，这里需要说明的是，p_{EOR} 和 q_{EOR} 由电厂和油田共同决定，我们将在第 7.5 节进行讨论。则这部分现金流（r_{EOR}）为

$$r_{EOR} = p_{EOR} \cdot q_{EOR}$$

这部分现金流对于电厂为现金流入，对油田为现金流出。

7.2 CCS项目投融资核算相关指标

考虑到CCS项目投融资存在多个利益相关方，根据各利益相关方的关注点不同，我们区分了不同利益相关方所关注的主要投融资相关指标。

7.2.1 项目发起人

对于项目发起人，其主要关注融资的成本与项目的盈利情况。融资的成本可用资金的加权平均资本成本表示，盈利情况可使用净现值、项目回收期、内含报酬率和总投资收益率来表示。

1. 资金的加权平均资本成本

银行借款的资本成本：

$$L(1-F_L)=\sum_{i=1}^{n}\frac{I_i+P_i}{(1+K'_L)^i},\ K_L=K_L'(1-r_i)$$

其中，F_L 表示银行借款筹资费用率；L 表示借款总金额；I_i 表示第 i 期偿还的利息；P_i 表示第 i 期偿还的本金；r_i 表示所得税率；K_L 表示借款资本成本。

一个项目中会存在多种渠道的银行借款，如商业银行贷款和政策性银行贷款。不同来源的资金的加权平均资本成本的计算公式为

$$K=\sum_i \omega_i\cdot K_i$$

其中，ω_i 表示第 i 种来源的资金占比；K_i 表示为第 i 种来源资金的资本成本。

2. 净现值

净现值是反映项目盈利能力的绝对指标，假设投资成本在期初一次性完成，在进行整体核算时，计算公式为

$$\begin{aligned}\mathrm{NPV}_T=&\sum_{t=1}^{T}r_{\mathrm{Abe}}(t)\cdot \mathrm{e}^{-Rt}+\sum_{t=1}^{T}r_{\mathrm{oil}}(t)\cdot \mathrm{e}^{-Rt}\\&-C_{\mathrm{CapFixed}}-\sum_{t=1}^{T}C_{\mathrm{capO\&M}}(t)\cdot \mathrm{e}^{-Rt}\end{aligned}$$

$$- C_{\text{TranFixed}} - \sum_{t=1}^{T} C_{\text{TranO\&M}}(t) \cdot e^{-Rt}$$

$$- C_{\text{EORFixed}} - \sum_{t=1}^{T} C_{\text{EORO\&M}}(t) \cdot e^{-Rt}$$

$$- C_{\text{StorFixed}} - \sum_{t=1}^{T} C_{\text{StorO\&M}}(t) \cdot e^{-Rt}$$

$$- \sum_{t=1}^{T} \text{Tax}(t) \cdot e^{-Rt} - \sum_{t=1}^{T} \text{Capital}(t) \cdot e^{-Rt}$$

在存在多个利益相关方时，在管道建设和运营方面就会有成本分摊的问题。例如，当电厂和油田分属不同的运营主体，那么CO_2的运输和封存就涉及电厂与油田之间的成本分担问题。

具体到成本核算方面，对于电厂和油田来说，需要分摊的部分主要是CO_2包括运输成本和CO_2直接封存成本。本章我们设定电厂和油田对在这两部分的成本中采取按比例分摊的方式。CO_2运输部分，假设电厂在管道建设和投资中的成本分摊比例为λ_{Tran}（$\lambda_{\text{Tran}} \in [0, 1]$，当$\lambda_{\text{Tran}}=1$时，$CO_2$运输所有成本由电厂承担；当$\lambda_{\text{Tran}}=0$时，$CO_2$所有运输成本由油田承担）。$CO_2$直接封存部分，假设成分分摊比例为$\lambda_{\text{Stor}}$（$\lambda_{\text{Stor}} \in [0, 1]$，当$\lambda_{\text{Stor}}=1$时，$CO_2$所有封存成本由电厂承担；当$\lambda_{\text{Stor}}=0$时，$CO_2$所有封存成本由油田承担）。电厂与油田的净现值分别为

$$\begin{aligned}\text{NPV}_{\text{Plant}} = & \sum_{t=1}^{T} r_{\text{Abe}}(t) \cdot e^{-Rt} + \sum_{t=1}^{T} r_{\text{EOR}}(t) \cdot e^{-Rt} - C_{\text{CapFixed}} - \sum_{t=1}^{T} C_{\text{capO\&M}}(t) \cdot e^{-Rt} \\ & - \lambda_{\text{Tran}} \cdot \left[C_{\text{TranFixed}} + \sum_{t=1}^{T} C_{\text{TranO\&M}}(t) \cdot e^{-Rt}\right] \\ & - \lambda_{\text{Stor}} \cdot \left[C_{\text{StorFixed}} + \sum_{t=1}^{T} C_{\text{StorO\&M}}(t) \cdot e^{-Rt}\right] \\ & - \sum_{t=1}^{T} \text{Tax}_{\text{Plant}}(t) \cdot e^{-Rt} - \sum_{t=1}^{T} \text{Capital}_{\text{Plant}}(t) \cdot e^{-Rt}\end{aligned}$$

$$\begin{aligned}\text{NPV}_{\text{Oil}} = & \sum_{t=1}^{T} r_{\text{oil}}(t) \cdot e^{-Rt} - C_{\text{EORFixed}} - \sum_{t=1}^{T} C_{\text{EORO\&M}}(t) \cdot e^{-Rt} \\ & - (1 - \lambda_{\text{Tran}}) \cdot \left[C_{\text{TranFixed}} + \sum_{t=1}^{T} C_{\text{TranO\&M}}(t) \cdot e^{-Rt}\right] \\ & - (1 - \lambda_{\text{Tran}}) \cdot \left[C_{\text{StorFixed}} + \sum_{t=1}^{T} C_{\text{StorO\&M}}(t) \cdot e^{-Rt}\right] \\ & - \sum_{t=1}^{T} \text{Tax}_{\text{Oil}}(t) \cdot e^{-Rt} - \sum_{t=1}^{T} \text{Capital}_{\text{Oil}}(t) \cdot e^{-Rt}\end{aligned}$$

其中，T为CCS-EOR项目运营年限；$\text{Tax}_{\text{plant}}$和$\text{Capital}_{\text{plant}}$分别为电厂$CO_2$捕获相关的年度税金和融资成本；$\text{Tax}_{\text{Oil}}$和$\text{Capital}_{\text{Oil}}$分别为油田$CO_2$-EOR相关的年度税

金和融资成本。

3. 项目回收期

项目回收期是指项目累计的现金流出量等于现金流入量的时长，计算公式为

$$T_1 = \max\{tt \mid NPV_{tt} \leqslant 0\}$$

$$T_2 = \min\{tt \mid NPV_{tt} \geqslant 0\}$$

$$T = T_1 + \frac{0 - NPV_{T_1}}{NPV_{T_2} - NPV_{T_1}}$$

其中，T 表示项目动态回收期。

4. 内含报酬率

内含报酬率指在项目计算期内使项目的净现值等于零时的折现率，它是反映项目盈利能力的相对指标，其计算公式为

$$\sum_{i=1}^{n} (CI - CO)_i (1 + IRR)^{-i} = 0$$

其中，IRR 表示项目内含报酬率；n 表示项目回收期。

5. 总投资收益率

总投资收益率是指项目达到设计能力后正常年份的年息税前利润或者运营期内年平均息税前利润与项目总投资的比率，反映了项目总投资的盈利水平，可以衡量项目的总体盈利能力。计算公式为

$$ROI_i = \frac{EBIT_i}{TI_i} \times 100\%$$

$$EBIT_i = R_{mi} + R_{oi} + R_{CERi} - C_{fi} - C_{mi} - C_{oi} - F_i - P_i - F_{ri} - T_{bi}$$

$$ROI = \frac{\sum_{i=1}^{n} ROI_i}{n}$$

其中，ROI_i 表示第 i 年项目总投资收益率；$EBIT_i$ 项目第 i 年的年息税前利润；TI 表示第 i 年项目总投资额。

7.2.2 政府和国际机构

政府和国际机构主要关注政府投资的收益和低碳能源项目的社会效益。对于CCS项目的社会效益，本章使用单位减排量所需公益资金来衡量，计算公式为

$$g=\frac{f}{\sum_{i=1}^{n} e_i}$$

$$f=f_1+f_2+f_3+f_4$$

$$f_4=\sum_{j=1}^{k}\left(L_j-\sum_{l=1}^{i-1} P_l\right)\times r\times n_j-I_i$$

其中，e_i 表示第 i 年的减排量；f_1 表示国际气候基金；f_2 表示政府的补贴金额；f_3 表示所得税的减免数额；f_4 表示因政策支持所少付出的利息费用。

7.2.3 金融机构

金融机构主要关注风险，关注投入的资金能否收回，因此可用项目的利息保障倍数、债务承受比率和债务覆盖比率（分为单一覆盖比率和累计覆盖比率）来衡量项目的风险。

1）利息保障倍数

利息保障倍数表明一元的债务利息有多少倍的息税前利润作保障，反映了债务风险的大小。第 i 期的利息保障倍数（TIER_i）的计算公式为

$$\mathrm{TIER}_i=\frac{\mathrm{EBIT}_i}{I_i}$$

项目的利息保障倍数为

$$\mathrm{TIER}=\frac{\sum_{i=1}^{n}\mathrm{TIER}_i}{n}。$$

2）债务承受比率

债务承受比率(CR)是指项目现金流量的现值与预期贷款金额的比值，计算公式：

$$\mathrm{CR}=\frac{\mathrm{NPV}}{\sum_{i=1}^{k} L_i}$$

3）债务覆盖率

债务覆盖率是指项目可用于偿还债务的有效净现金流量与债务偿还责任的比值。其中单一年度债务覆盖率：

$$\mathrm{DCR}=\frac{\sum_{i=1}^{n}\mathrm{DCR}_i}{n}$$

$$\mathrm{DCR}_i=\frac{(\mathrm{CI}-\mathrm{CO})_i+\sum_{j=1}^{n}P_{ji}+I_i+F_i}{\sum_{j=1}^{n}P_{ji}+I_i+F_i}$$

其中，DCR_i 表示第 i 年的单一债务覆盖率；$(\mathrm{CI}-\mathrm{CO})_i$ 表示第 i 年的净现金流量；P_{ji}表示第 i 年到期的第 j 种债务的本金；I_i 表示第 i 年应付债务利息；F_i 表示第 i 年应付的项目租赁费用（融资租赁）。

第 i 期的累计债务覆盖比率计算公式为

$$\sum\mathrm{DCR}_i=\frac{\sum_{l=1}^{i}(\mathrm{CI}-\mathrm{CO})_l+\sum_{j=1}^{n}P_{ji}+I_i+F_i}{\sum_{j=1}^{n}P_{ji}+I_i+F_i}$$

累计债务覆盖比率为

$$\sum\mathrm{DCR}=\frac{\sum_{i=1}^{n}(\sum\mathrm{DCR}_i)}{n}$$

7.3 研究案例——胜利燃煤电厂烟气 CO_2 捕集、输送与驱油封存全流程示范工程

7.3.1 项目背景

根据国家科技部与欧盟委员会 2009 年 11 月签订的《关于通过二氧化碳捕集与封存实现煤炭利用近零排放发电技术第 II 阶段合作的谅解备忘录》，中欧双方进一步开展以推动实施碳捕获与封存的全流程示范工程为主要目标的第二阶段合作（NZECII），并将 NZECII 分为两期：NZECIIA 和 NZECIIB。IIA 的中心工作是对国内的候选项目进行比较研究，遴选 3 个项目开展预可行性研究（最高资助金

额 27 万欧元)，并进一步选出 1 个项目作为 IIB 的支持对象；NZECII 的核心工作是通过对选出项目的资金与技术支持，协助企业完成工程详细勘察、可行性研究及工程设计。

由胜利油田分公司和中石化石油工程建设有限公司联合申请的“胜利燃煤电厂烟气二氧化碳捕集、输送与驱油封存全流程示范工程预可行性研究”于 2013 年 8 月 26 日顺利入围 NZECIIA，预可研项目 1 月 8 日已在京正式启动。依据国家科技部中国 21 世纪议程管理中心与胜利油田分公司、中石化石油工程建设公司签订的《中欧煤炭利用近零排放合作项目委托合同书》，结合《中欧 NZEC 预可研项目和支撑研究项目启动会会议纪要》，项目组对“胜利燃煤电厂烟气二氧化碳捕集、输送与驱油封存全流程示范工程”进行了预可行性研究报告编制。

7.3.2 示范工程项目概况

项目组在对国内外燃煤烟气 CCUS 工程进行实地考察、数据收集的基础上，进行主流 CCUS 工艺比选和关键技术开发，完成了燃煤电厂烟道气 CO_2 捕集纯化、压缩工程，CO_2 管道输送工程，和 CO_2 驱油封存油藏工程、钻采工程、注入工程、地面集输工程的预可行性研究。

根据预可行性报告研究内容，本项目预期建成 100 万 t/a 燃煤电厂烟气 CO_2 捕集、输送与驱油封存全流程示范工程，包括 CO_2 捕集、管道输送、地质封存、驱油、采出液地面集输处理等工程内容，其中捕集及输送单元规模为 100 万 t/a，CO_2 捕集率≥85%，产品 CO_2 纯度≥99.5%，再生能耗≤2.7GJ/tCO_2；驱油注入、地面集输规模为 60 万 t/a，CO_2 驱油示范区采收率提高 5% 以上，CO_2 动态封存率（指一段时间内 CO_2 总封存量与总注入量的比值）达到 50% 以上。

项目的具体选址及工程设计细节如下：

1）选址及周边条件

排放源：胜利燃煤电厂。

年排放量：烟道气 CO_2 700 万～900 万 t/a。

输送方式：采用高压气相管道输送，CO_2 纯度 99%，其中胜利电厂距驱油封存利用油区 80km。

沿线条件：管线路由在东营市与淄博市境内，沿线所经地区全部为 3 级地区。

封存场地的气候、社会、地理与地质条件：CO_2 封存场地位于淄博市高青县，地处华北平原坳陷区（Ⅰ级构造）、济阳坳陷区（Ⅱ级构造）的南部，为一大型沉积盆地的一部分。境内以新生界及其发育为特征，全被第四系黄土覆盖。属北温带季风大陆性气候，夏季多雨，冬春多旱。4 条河流穿越其中，自西向东汇入渤海。

封存方式：低渗透油藏油区驱油封存。

2）建设规模与目标

预期建成 100 万 t/a 的燃煤烟气 CO_2 捕集纯化与输送示范工程，建成注入能力 60 万 t/a CO_2 驱油封存示范工程。项目于 2013 年启动，2017 年已建成，并计划持续运行 15 年。

3）CO_2 捕集纯化、压缩（液化）工程

（1）由于油田驱油用 CO_2 的纯度要求不低于 99%，因此，选用化学吸收法进行脱碳处理；而烟气中氧含量较高，热碱法目前无法解决溶剂氧化降解的问题，胺、氨基酸盐等化学药剂具有较高的吸收能力、较强的抗氧化降解性能，较低的再生能耗，具有较为广泛的应用前景。

（2）本项目通过投资和运行费用对比：脱碳采用中石化开发的低分压 CO_2 捕集工艺，该技术成熟，且新药剂已在实验装置及中试装置上进行试验，再生能耗为较低，为 2.7GJ/tCO_2。

（3）选用选用两塔+预吸附塔的硅胶脱水流程，在降低再生温度的同时，大大减少了再生能耗。

（4）离心式压缩机从维修保养上和运行成本上都比往复式压缩机更能适应压缩机的操作工况条件，离心式压缩机具有输气量大、运行平稳、机组的外形尺寸小、重量轻、占地面积小、设备易损件少、使用期限长、维护保养工作量少、压缩的气体不会被润滑油污染等优点，在建设投资方面也具有较为突出的优势，因此本工程推荐使用离心式压缩机。

（5）根据驱动形式的比选，电驱动压缩机投资较小，并且电厂内有可靠电力供应的场所，一次性投资小，故本项目推荐电力驱动形式的压缩机。

4）CO_2 管道输送工程

（1）线路走向。本工程管道起于东营市东营区的胜利电厂首站，终点为高青区域，全长 80km。管道全线经过的行政区域有东营区、博兴区和高青县 3 个县（区），途经区域地形均为平原。管道设线路截断阀室 5 座，并设置阴极保护站 2 座（与史口阀室和唐坊阀室合建）。管道沿线河流定向钻穿越 1 处，等级公路及高速公路穿越 7 处，铁路穿越 2 处，与其它管道交叉 60 处，与光缆交叉

23 处。

（2）输送工艺。采用超临界输送，设计输量为 60 万 t/a，最大输量 100 万 t/a，设计压力 12MPa，选取管径 DN250。

（3）线路用管。选用无缝钢管，钢管材质为 L360。

（4）站场。站场设计内容为胜利电厂首站外输管道部分，对胜利电厂首站捕集、脱水、增压后的二氧化碳进行外输，同时具备清管发球功能。

5）CO_2注入工程

通过对 CO_2注入工程的研究，经过方案对比，确定最佳的 CO_2注入方案，结论如下：长输管线输送来的液态 CO_2进入已建的高 89 注气站，收球后通过供气管线输至各配注站。根据开发方案，初步考虑设置 8 座配注站（其中 7 座为新建站，1 座利用原高 89 注气站改扩建）。配注站接收加注干线输来的 CO_2，通过高压加注泵增压后，经分配计量阀组输往各自管辖的注气井。

6）油气藏工程

（1）高 89-樊 142 地区沙四段的主要含油层系均集中在 1 砂组和 2 砂组，纵向上含油井段 50m 左右，无法细分层系开发。

（2）CO_2驱油室内实验表明，理论上注 CO_2开采时空气渗透率下限为 $0.5\times10^{-3}\mu m^2$。高 89-樊 142 地区地层平均空气渗透率适合 CO_2驱的开采方式，该地区混相压力在 29～30MPa 之间。

（3）新油井射开有效厚度 5m，计算目前产能只有 0.17t/d，考虑地层压力逐步恢复，生产压差逐步增大，同时半年后新油井逐步受效，单井日油能力为 4.6～7.8t/d；已投产老井，根据生产状况和受效分析情况，预计半年后受效，基本保持目前生产水平，单井日油能力为 3t/d。

（4）对于单井日注量，初期尽量保持较高的注入能力为 30t/d 左右，等到压力恢复后可考虑为防止气窜，适当降低注入能力为 20t/d 左右。

（5）按照注气井与油井多向对应、不规则面积井网的原则部署方案，方案总井数 180 口，其中：油井 110 口（新钻油井 26 口，利用老油井 84 口）；注气井 70 口（新钻注气井 34 口，老油井转注 25 口，利用老注气井 11 口）。

（6）采用油藏工程方法进行 20 年开发指标预测，CO_2驱方案前三年平均建产能 12×10^4t，新增产能 5.9 万 t，第一年注入 61 万 t，前三年平均年注气 43×10^4 t/a，20 年末累注气量 589 万 t，累产油量 252 万 t，采出程度 17.4%，累计封存 366 万 tCO_2。

7）钻井采油工程

（1）对注气井口，根据该块现场应用情况，当连续注入 CO_2时，无腐蚀现象，且 FF 级井口现场使用条件满足标准规定的使用条件。FF 级井口能够满足连续注入 CO_2或水气交替的防腐要求。因此选择注气井口规格为 KQ65/35 型 FF 级。

（2）0Cr13 工具和 N80 油管在无水条件下无腐蚀，因此能满足连续注高纯度 CO_2的腐蚀控制要求。

（3）G89-樊 142 地区采油井预计综合含水 6%，使用 N80、P110 和 D 级抽油杆满足腐蚀控制要求。

（4）注入井采用原油+油包水表面活性剂作为套管保护液可满足保护套管的要求，镀渗钨合金油管满足气水交替注入条件下的防腐要求。

（5）借鉴钻遇相似储层的邻近井的实际井身结构，确定了定向井及直井设计方案。

（6）根据钻井方案要求，该块注气井分直井和斜井两类。对井斜小于 30°的直井，推荐采用整体式防返吐安全注气管柱；对井斜大于 30°的斜井，推荐采用斜井防返吐安全注气管柱。

（7）方案区块由于特低渗、高温和低含水的特点，CO_2泡沫难以注入，需要采用油溶性封窜体系配方柴油 99% +1% TZ-2 增稠剂进行封窜。

8）地面集输工程

油井生产采用单井拉油。依托已建井场拉油设施，对井场拉油流程进行改造。区块注入 CO_2后，井口伴生气量大且 CO_2含量高，需要在井场设立式油气分离器进行气液分离，并新建伴生气集气管网将伴生气集输后统一处理。

在接下来的分析中，我们将结合胜利燃煤电厂烟气 CO2 捕集、输送与驱油封存全流程示范工程的技术设计细节和工程数据，及项目组在胜利油田的实地调研数据，来介绍我们的 CCS 项目投融资核算方法和计算软件。

7.4 CCS 项目投融资核算方法计算软件

CCS 项目投融资计算软件分为输入变量、资金来源、中间计算数据、输出结果和风险评价部分。

数据输入部分的界面如图 7-3 所示，主要包括贷款种类和相应利率、相关税率、折现及股利分配率。其中，建设期和运营期长度可以自主选择。相关利率和税率的数据无法直接提供，可以根据目前已知项目的数据进行类比给出。

资金来源界面如图7-4（a）和图7-4（b）所示，需要企业根据项目融资计划，输入相应的资金来源、年限及资金成本。如果输入部分加总少于项目所需总投资，则差额部分自动核算到企业自有资金中。输入完成后，软件会自动核算项目加权资金成本。

输入变量

年份		贷款利率1	贷款利率2	营业税率	所得税率	折现率	股利分配率
	1	6.55%	4.59%	5%	17%	8%	0.00%
建设期	2	6.55%	4.59%	5%	17%	8%	0.00%
	3	6.55%	4.59%	5%	17%	8%	0.00%
	4	6.55%	4.59%	5%	17%	8%	0.00%
1	5	6.55%	4.59%	5%	17%	8%	0.00%
	1	6.55%	4.59%	5%	17%	8%	0.00%
	2	6.55%	4.59%	5%	17%	8%	0.00%
	3	6.55%	4.59%	5%	17%	8%	0.00%
	4	6.55%	4.59%	5%	17%	8%	0.00%
	5	6.55%	4.59%	5%	17%	8%	0.00%
	6	6.55%	4.59%	5%	17%	8%	0.00%
	7	6.55%	4.59%	5%	17%	8%	0.00%
	8	6.55%	4.59%	5%	17%	8%	0.00%
	9	6.55%	4.59%	5%	17%	8%	0.00%
	10	6.55%	4.59%	5%	17%	8%	0.00%
	11	6.55%	4.59%	5%	17%	8%	0.00%
	12	6.55%	4.59%	5%	17%	8%	0.00%
	13	6.55%	4.59%	5%	17%	8%	0.00%
	14	6.55%	4.59%	5%	17%	8%	0.00%
运营期	15	6.55%	4.59%	5%	17%	8%	0.00%
	16	6.55%	4.59%	5%	17%	8%	0.00%
	17	6.55%	4.59%	5%	17%	8%	0.00%
	18	6.55%	4.59%	5%	17%	8%	0.00%
	19	6.55%	4.59%	5%	17%	8%	0.00%
	20	6.55%	4.59%	5%	17%	8%	0.00%
	21	6.55%	4.59%	5%	17%	8%	0.00%
	22	6.55%	4.59%	5%	17%	8%	0.00%
	23	6.55%	4.59%	5%	17%	8%	0.00%
	24	6.55%	4.59%	5%	17%	8%	0.00%
	25	6.55%	4.59%	5%	17%	8%	0.00%
	26	6.55%	4.59%	5%	17%	8%	0.00%
	27	6.55%	4.59%	5%	17%	8%	0.00%
	28	6.55%	4.59%	5%	17%	8%	0.00%
	29	6.55%	4.59%	5%	17%	8%	0.00%
15	30	6.55%	4.59%	5%	17%	8%	0.00%

图7-3　投融资核算输入部分界面

中间计算数据界面如图7-5所示，基于项目成本核算和融资及运营的输入数据，软件会自动核算CCS项目的利润及相应的财务核算处理，包括利润、应税利润、债务利息与本金等。

输出结果界面如图 7-6 所示。当数据输入部分和资金来源部分的数据填写完毕后，软件会自动计算出核算结果，包括利息保障倍数、债务承受比率、总投资收益率、单一债务覆盖比率、累积债务覆盖比率等，既可以按年输出，也可以输出总的结果。

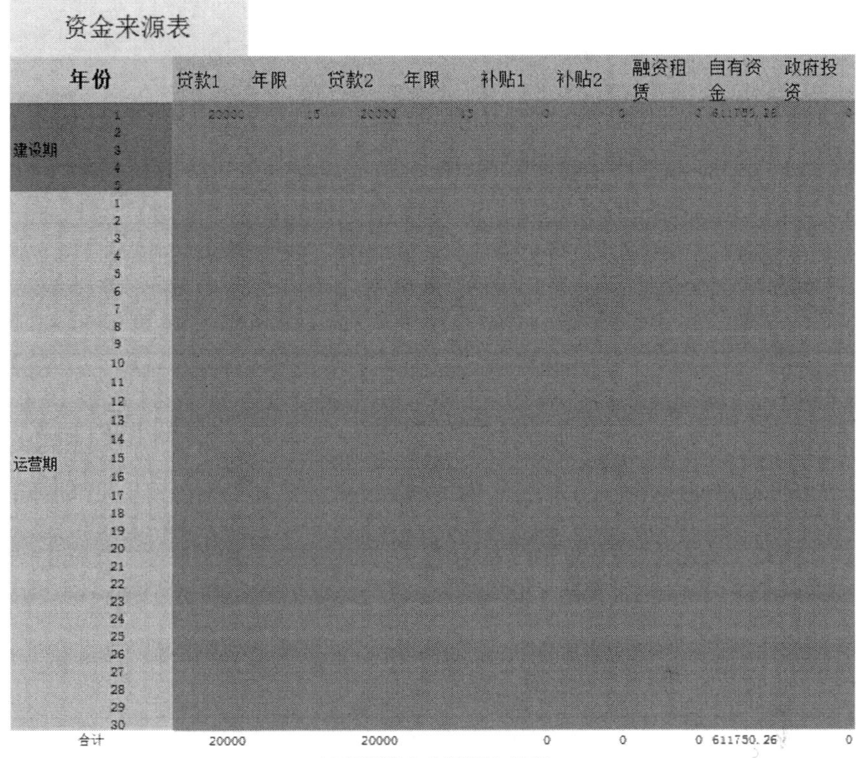

资金来源表

年份		贷款1	年限	贷款2	年限	补贴1	补贴2	融资租赁	自有资金	政府投资
建设期	1	20000	15	20000	15	0	0	0	611750.26	0
	2									
	3									
	4									
	5									
运营期	1									
	2									
	3									
	4									
	5									
	6									
	7									
	8									
	9									
	10									
	11									
	12									
	13									
	14									
	15									
	16									
	17									
	18									
	19									
	20									
	21									
	22									
	23									
	24									
	25									
	26									
	27									
	28									
	29									
	30									
合计		20000		20000		0	0	0	611750.26	0

(a)融资资金来源部分界面

资金渠道

资金渠道	筹资费用率	资金成本
贷款1	0	6.55000%
贷款2	0.75%	4.70502%
补贴1		0.00000%
补贴2		0.00000%
融资租赁		0.00000%
自有资金		8.00000%
政府投资		0.00000%
		7.85403%

(b)融资资金渠道部分界面

图 7-4　资金来源界面

中间计算数据

	年份	息税前利润	利润	应税利润	利息与本金1	利息与本金2
建设期	1	-26058.7972	-26058.8	0	-20000	-19850
	2	-65908.7972	-68135.8			
	3	-65908.7972	-68135.8			
	4	-65908.7972	-68135.8			
	5	-65908.7972	-68135.8			
运营期	1	30877.23583	28650.236	2591.4386	2643.333333	2250.333333
	2	30877.23583	28798.702	28798.702	2556	2189.2
	3	30877.23583	28947.169	28947.169	2468.666667	2128.066667
	4	30877.23583	29095.636	29095.636	2381.333333	2066.933333
	5	30877.23583	29244.102	29244.102	2294	2005.8
	6	30877.23583	29392.569	29392.569	2206.666667	1944.666667
	7	30877.23583	29541.036	29541.036	2119.333333	1883.533333
	8	30877.23583	29689.502	29689.502	2032	1822.4
	9	30877.23583	29837.969	29837.969	1944.666667	1761.266667
	10	30877.23583	29986.436	29986.436	1857.333333	1700.133333
	11	30877.23583	30134.902	30134.902	1770	1639
	12	30877.23583	30283.369	30283.369	1682.666667	1577.866667
	13	30877.23583	30431.836	30431.836	1595.333333	1516.733333
	14	30877.23583	30580.302	30580.302	1508	1455.6
	15	30877.23583	30728.769	30728.769	1420.666667	1394.466667
	16	33543.9025	33543.902	33543.902		
	17	33543.9025	33543.902	33543.902		
	18	33543.9025	33543.902	33543.902		
	19	33543.9025	33543.902	33543.902		
	20	33543.9025	33543.902	33543.902		
	21	33543.9025	33543.902	33543.902		
	22	33543.9025	33543.902	33543.902		
	23	33543.9025	33543.902	33543.902		
	24	33543.9025	33543.902	33543.902		
	25	33543.9025	33543.902	33543.902		
	26	33543.9025	33543.902	33543.902		
	27	33543.9025	33543.902	33543.902		
	28	33543.9025	33543.902	33543.902		
	29	33543.9025	33543.902	33543.902		
	30	33543.9025	33543.902	33543.902		

图 7-5　投融资中间计算数据界面

输出结果

年份		利息保障倍数	债务承受比率	总投资收益率	单一债务覆盖比率	累计债务覆盖比率
合计		46.00706743	4.3399461	0.1894825	3.246162919	22.56681526
建设期	1	0		-0.395377	0	0
	2	0		-1		
	3	0		-1		
	4	0		-1		
	5	0		-1		
运营期	1	13.86494649		0.4684843	5.942155869	1.011596105
	2	14.85529981		0.4684843	4.998758955	5.010717876
	3	15.99801518		0.4684843	4.841845179	8.982102419
	4	17.33118311		0.4684843	4.694846092	12.94336153
	5	18.90674521		0.4684843	4.557341849	16.91309257
	6	20.79741973		0.4684843	4.428954688	20.9111569
	7	23.10824415		0.4684843	4.309349563	24.95901297
	8	25.99677467		0.4684843	4.198235434	29.08011962
	9	29.71059962		0.4684843	4.09536734	33.30042942
	10	34.66236622		0.4684843	4.000549471	37.64899913
	11	41.59483947		0.4684843	3.913639498	42.15875325
	12	51.99354934		0.4684843	3.834554538	46.86744992
	13	69.32473245		0.4684843	3.763279252	51.81891732
	14	103.9870987		0.4684843	3.699876825	57.06465569
	15	207.9741973		0.4684843	3.644503831	62.66594045
	16			0.5089442		
	17			0.5089442		
	18			0.5089442		
	19			0.5089442		
	20			0.5089442		
	21			0.5089442		
	22			0.5089442		
	23			0.5089442		
	24			0.5089442		
	25			0.5089442		
	26			0.5089442		
	27			0.5089442		
	28			0.5089442		
	29			0.5089442		
	30			0.5089442		

输出结果汇总

单位公益资金减排量	0.245997432
净现值	173597.8445
内含报酬率	100.2327023%
投资回收期	1.997653634
总投资收益率	0.189482505
利息保障倍数	46.00706743
债务承受比率	4.339946112
单一债务覆盖比率	3.246162919
累计债务覆盖比率	22.56681526
资金成本	7.85%

图 7-6　投融资输出结果界面

7.5 不确定性因素分析

7.5.1 内在不确定性因素

项目的唯一性决定了其成本的唯一性，其各项成本很难找到历史数据，因此，在确定各项成本的分布时，本书采用主观法。CCS-EOR 项目的建设成本与设备运行维护费受到大量微小因素的影响，故假设各项成本服从正态分布，均值为核算的数据，标准差设为均值的 1/10 ~ 1/5。各项指标的概率分布的参数见表 7-1。

表 7-1 不确定性因素分布参数表

不确定性因素	均值	标准差
捕获设备成本	114 742. 66	11 474. 27
压缩设备成本	37 378. 45	3 737. 80
运营成本	10 217. 66	1 532. 65
管道建设成本	17 692. 82	1 769. 28
每模块 EOR 建设成本	2 682. 60	402. 39
每模块 EOR 固定运营费用	12 163. 50	1 216. 35
每模块 EOR 可变运营费用	9 771. 80	1 954. 36
封存的建设成本	4 452. 83	445. 28

7.5.2 市场不确定性因素

对 CO_2 利用，市场中的不确定性因素包括原油价格、碳价格、电价和蒸汽价格四种。这里需要说明的是，蒸汽价格与发电燃料价格高度相关，因此假设发电燃料价格的不确定性可由蒸汽价格的变化反映出来。

油价使用 EIA 官网公布的 2010 年以来的原油现货价格作为历史数据，进行拟合。拟合结果见图 7-7。由拟合结果可见，油价服从 Weibull 分布，A-D 统计量的 p 值为 0. 000，说明数据显著服从于该分布，参数分别为 $\mu=1357.79$，$\alpha=2864.17$，$\beta=3.63$。

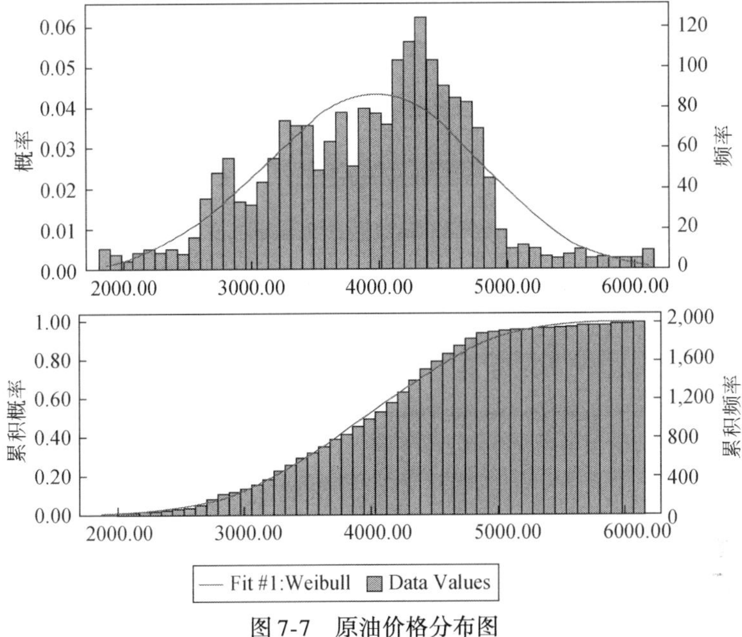

图 7-7　原油价格分布图

碳价使用欧洲碳交易市场的碳价数据作为历史数据进行拟合，结果见图 7-8。由拟合结果可知碳价格服从 beta 分布，A-D 统计量为 0.3824，p 值为 0.000，说明数据显著服从于 beta 分布，且参数分别为 $\alpha=1.49$，$\beta=1.76$，min=42，max=65。

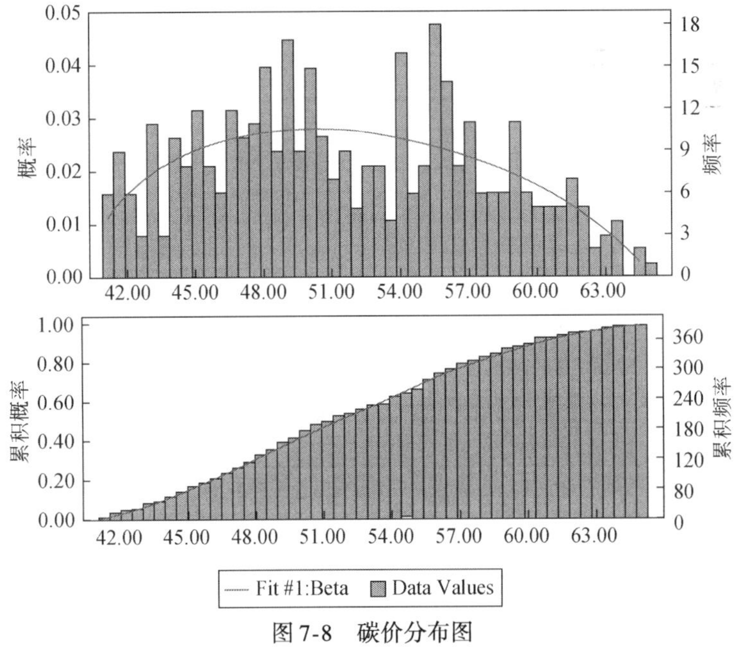

图 7-8　碳价分布图

第7章　全流程 CCUS 项目成本核算

对于电价和蒸汽价格，由于缺少上网电价的历史数据，这里假设电价服从正态分布，均值为 0.39，标准差为 0.039。假设蒸汽价格服从均值为 180，标准差为 18 的正态分布。

7.5.3 基于 Monte-Carlo 模拟的 CCS 项目价值核算

在核算项目价值时，考虑到存在的不确定因素，我们使用 Crystal ball 软件进行 Monte Carlo 模拟仿真，根据上述分布定义变量的分布，将盈利性指标（净现值和项目回收期）、衡量风险的指标（利息保障倍数）和公益性指标（单位公益资金减排量）定义为预测变量，随机抽样次数取 10 000，得到仿真结果。在接下来的分析中，我们将以电厂和油田作为不同的运营方，在进行 CCUS 全流程项目合作时，在不同的成本分摊原则下，相应的收益和项目风险。

7.6 不同运营主体间的风险分析与分担

7.6.1 电厂与油田间的合作合同设计

电厂与油田通过捕获的 CO_2 供货合同设计进行收益和风险分摊。模型中具体可调节的因素包括：

（1）CO_2 供货价格 p_{EOR}。p_{EOR} 既可以固定，也可以与油价或发电燃料价格挂钩，进行动态调整。

（2）CO_2 用于 EOR 的量 q_{EOR}，电厂在捕获 CO_2 之后无法保存，因此假设电厂的 CO_2 供给量固定，而油田可以全部购买，也可以根据市场情况，购买其中的一部分用作 EOR，其余部分用于直接封存（$q_{CO_2}-q_{EOR}$）。直接封存会产生额外的封存成本，这部分成本则会在电厂和油田之间以 λ_{Stor} 的比例进行分摊。

（3）CO_2 运输管道的建设与运营费用。这部分成本同样会在电厂和油田之间以 50%-50% 的比例进行分摊。

具体的分摊比例与 CO_2 结算价格体现在油田和电厂两个主体之间的合同设计上，在数值分析部分我们会对此设计多种合同情景，进而分析不同情景下的电厂与油田在 CCUS 中相应的收益与风险。

7.6.2 最优化决策

相对于电厂，油田在 CO_2 直接封存和驱油之间存在选择权，可以在 EOR 过程中动态调整决策。

（1）当油田全部买入电厂捕获的 CO_2 时，可以根据市场条件决定用来驱油的比例，以使项目的净现值最大。如果油价大幅下跌，驱油收入不足以弥补驱油与封存的成本之差，$Mr_{oil}(\bar{p}_{oil}) < MC_{EORO\&M} - MC_{StorO\&M}$，此时油田会选择将部分或全部 CO_2 封存在废弃的油井中。

（2）当油田可以决定购买 CO_2 用于驱油部分的量时，油田可以根据市场条件，决策自己的需求量，此时存在最优购买量 $\bar{q}_{CO_2}$，油田边际成本等于边际收益，即

$$C_{EORO\&M}(\bar{q}_{CO_2}+1) - C_{EORO\&M}(\bar{q}_{CO_2}) = p_{oil} \cdot [q_{oil}(\bar{q}_{CO_2}+1) - q_{oil}(\bar{q}_{CO_2})]$$

（3）CO_2 用作 EOR 部分的价格。在用作 EOR 的 CO_2 供货价格可以动态调整时，油田可以修改供货价格以实现净现值最大化。

设定油田每年用来驱油的比例为 η_{oili}（当油田全部购买时，代表油田用于驱油占供应量的比例；当油田按需购买时，代表油田购买占电厂捕获的比例）；CO_2 供货价格动态调整时，第 $3j+1$（$j=1, 2, \cdots, 6$）年的合同价格为 $\bar{p}_{CO_2 i}$，因此，三个优化模型如下。

$$\max NPV_{oil}(\eta_{oili})$$

s. t.

$$0 \leqslant \eta_{oili} \leqslant 100\% \quad i=1, 2, \cdots, 20$$

$$\max NPV_{oil}(\eta_{oili})$$

s. t.

$$0 \leqslant \eta_{oili} \leqslant 100\% \quad i=1, 2, \cdots, 20$$

$$\max [NPV_{oil}(\eta_{oili}, \bar{p}_{CO_2 j}) + NPV_{Plant}(\eta_{oili}, \bar{p}_{CO_2, j})]$$

s. t.

$$\begin{cases} NPV_{oil}(\eta_{oili} \bar{p}_{CO_2 j}) \geqslant 0 \\ NPV_{plant}(\eta_{oili}, \bar{p}_{CO_2 j}) \geqslant 0 \\ 0 \leqslant \eta_{oili} \leqslant 100\% \\ \bar{p}_{CO_2 j} > 0 \end{cases} \quad i=1, 2, \cdots, 20, j=1, 2, \cdots, 6$$

7.7 数值模拟与情景分析

7.7.1 不同融资模式情景设置

CCUS 示范项目为低碳项目，其潜在融资渠道较多：一是来源于国际，国际上有很多基金，促进低碳能源项目的发展；二是来源于政府，即来自于金融机构，包括商业银行贷款和政策性银行贷款；三是来自于市场，对一些大型设备，可进行融资租赁，由于 CCUS 技术不够成熟，目前示范项目很少，因此项目所需设备在市场上很少，很难进行融资租赁，故本书不考虑该融资渠道；四是企业自有资金。我们暂不考虑发行股票融资。具体融资渠道如表 7-2 所示。

表 7-2 融资渠道一览表

来源	形式
国际	全球环境基金（GEF） 气候变化特别基金（SCCF） Least Developed Countries Fund（LDCF） 清洁能源融资伙伴基金（CEFPF） 亚行 CCS 基金 全球碳捕捉与封存组织基金 清洁技术基金（CTF） 气候策略基金（SCF） 碳伙伴基金（CPF）
政府	补贴性资金 投资
金融机构	商业银行贷款 政策性银行贷款
市场	融资租赁
企业	自有资金

不同的融资渠道特点不同，对于国际气候基金和政府补贴，使用成本低，但申请过程繁琐，筹资费用率较高，本书假设分别为 2% 和 1.5%。政策性银行贷款相对于商业银行贷款，利率较低，本书设为商业贷款的 0.7，但申请程序复杂，有一定的筹资费用率，设为 0.75%，本书假设商业贷款的筹资费用率为 0。

针对 CCUS 示范项目，利用其低碳项目的特点，本书设置不同的融资模式，进一步分析各种融资模式的特点。对于国际气候基金，本书暂不区别各类基金的差异。首先，本书在保持自有资金不变的情况下对基准情景（情景 1）中的 40000 万元银行贷款进行拆分，改为部分由其他融资渠道筹集；再将自有资金部分改为政府投资；最后本书增加了外部资金数量，减小自有资金，设计了 12 种情景，如表 7-3 所示。

表 7-3　融资模式情景设置　（单位：万元）

情景	商业银行贷款	政策性银行贷款	政府补贴	国际气候基金	自有资金	政府投资	总计
情景 1	40 000	0	0	0	669 581.1		709 581.10
情景 2	20 000	20 000	0	0	669 581.1		709 581.10
情景 3	30 000	0	10 000	0	669 581.1		709 581.10
情景 4	30 000	0	0	10 000	669 581.1		709 581.10
情景 5	20 000	10 000	10 000	0	669 581.1		709 581.10
情景 6	10 000	10 000	10 000	10 000	669 581.1		709 581.10
情景 7	40 000	0	0	0	369 581.1	300 000	709 581.10
情景 8	60 000	0	0	0	649 581.1		709 581.10
情景 9	40 000	0	10 000	0	659 581.1		709 581.10
情景 10	40 000	10 000	0	0	659 581.1		709 581.10
情景 11	40 000	0	0	10 000	659 581.1		709 581.10
情景 12	35 000	10 000	10 000	10 000	644 581.1		709 581.10

7.7.2　不同融资模式项目价值模拟计算结果

根据上述分布定义变量的分布，将加权资本成本、盈利性指标（净现值、内含报酬率、项目回收期和总投资收益率）、衡量风险的指标（利息保障倍数、债务承受比率、单一和累计债务覆盖比率）和公益性指标（单位公益资金减排量）定义为预测变量，随机抽样次数取 10 000，使用软件 Crystal ball 对 12 种情景分别进行仿真。情景 1 下得到的仿真结果如下：

1. 融资的加权资本成本

模拟的结果如图 7-9 所示。加权资本成本的均值为 7.9183%，取值变化不大，95% 的可能性落在区间［7.9142%，7.9242%］上，99% 的可能性落在区间［7.9124%，7.9257%］，取值较为稳定。对其做敏感性分析可知，土建及设备投资对其影响最大，占比 22.3%，其次为前期的捕集及压缩成本，影响占比在 5% 左右，影响均不大。贷款利率对其影响仅为 3.6%，作用微小。

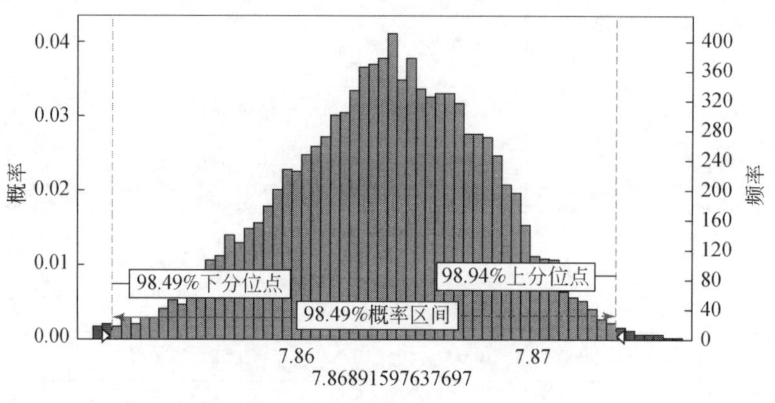

图 7-9　加权资本成本分布图

2. 盈利性指标

1）项目净现值

模拟的结果如图 7-10（a）所示。均值为 139 021.52 万元，且 95% 的可能性大于 125 651.45 万元，99% 的可能性大于 114 331.55 万元，远大于零，可见项目盈利状况良好。其中，土建及设备投资对其影响较大，占比 14.7%，前期的驱油收入对其影响在 4% ~9% 之间，捕集及压缩成本对其影响在 1.9% ~3.1% 之间，其他因素影响微小。

2）投资回收期

模拟的结果如图 7-10（b）所示，均值为 3.53 年，以 90% 的可能性在 5.60 年时收回投资，95% 的可能性在 6.99 年收回投资，99% 的可能性在 13.16 年时收回投资。对于 15 年的生命周期，资金收回较快，且可能性非常高。对其影响最大的为第一年的驱油收入，占比 45.8%，土建及设备投资对其影响较大，占比 21.7%，第一年的捕集及压缩成本影响占比 15.1%，第二年的驱油收入对其影响占比 11.3%，后期发生的现金流动对投资回收期影响不大。

3）内含报酬率

模拟的结果如图 7-10（c）所示。内含报酬率均值为 44.31%，以 95% 的可能性大于 35.59%，以 99% 的可能性大于 31.20%，盈利性很好。其中，土建及设备投资对其影响最大，占比 47.3%，其次为第一年的驱油收入，占比 21.2%，第二三年的驱油收入与前两年的捕集及压缩成本对其影响也较大，占比 8%、3%，受其他因素影响很小。

4）总投资收益率

模拟的结果如图 7-10（d）所示，均值为 28.82%，以 95% 的可能性大于 25%，99% 的可能性大于 23%。土建及设备投资对其影响很大，占比 59.1%，后期的驱油收入对其的影响在 2% 左右，压缩成本对其影响小于 1%，其他因素几乎不对总投资收益率产生影响。

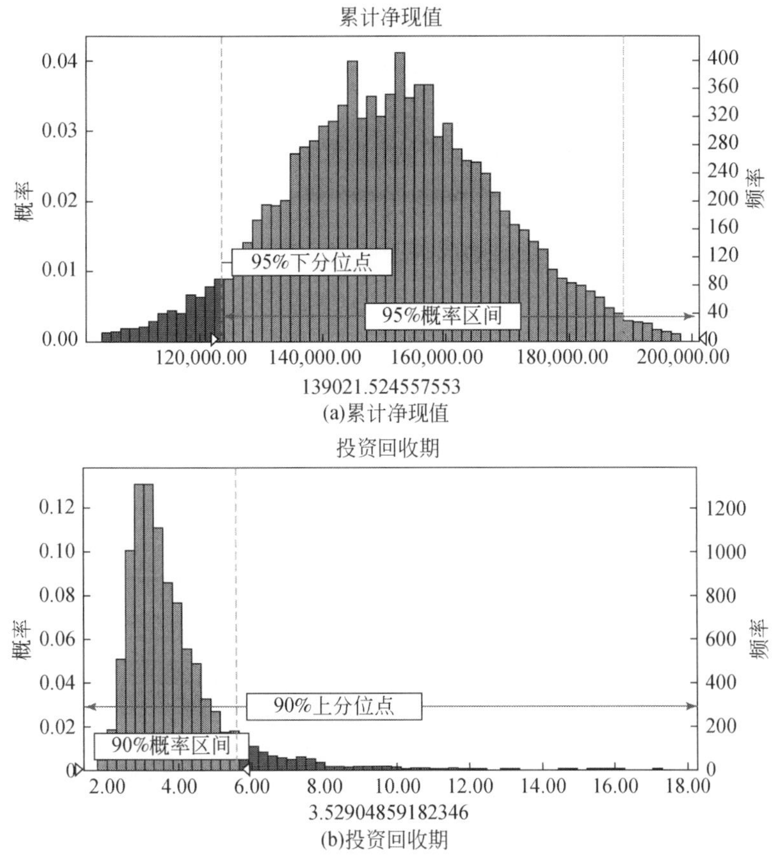

(a)累计净现值

(b)投资回收期

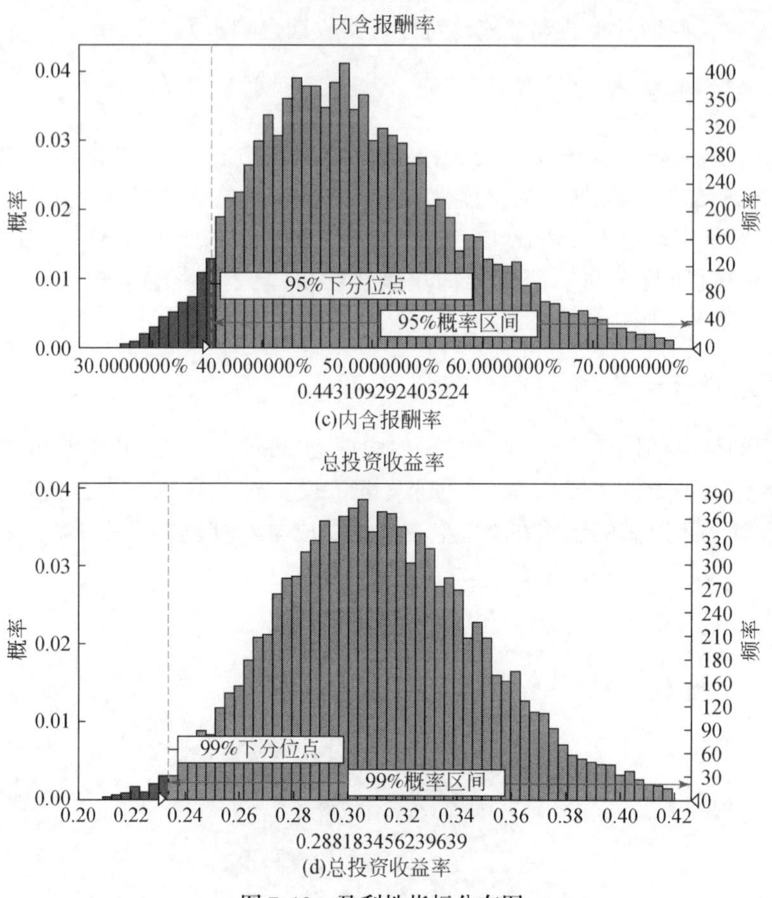

(c)内含报酬率

(d)总投资收益率

图 7-10 盈利性指标分布图

从上述指标看，该项目具有良好的盈利能力，能够吸引投资者对其投资。

3. 衡量风险的指标

1）利息保障倍数

模拟的结果如图 7-11（a）所示，利息保障倍数均值为 42. 67 倍，以 95% 的可能性大于 35. 79，99% 的可能性大于 32. 8。贷款利率和后期的驱油收入对其影响较大，分别占比 37. 5% 和 27. 8%，后期的捕集及压缩成本对其的影响为 8. 4% 和 2. 3%，其他因素几乎不对利息保障倍数产生影响。

2）债务承受比率

模拟的结果如图 7-11（b）所示，债务承受比率均值为 3. 48，以 95% 的可能性大于3.14，99%的可能性大于2.86。土建及设备投资对其影响最大，占比14.7%，前期的驱油收入对其的影响在4%～9%之间，前期捕集及压缩成本对其影响大概在3%左右，其他因素对债务承受比率的影响很小。

3）单一债务覆盖比率

模拟的结果如图7-11（c）所示，单一债务覆盖比率均值为4.01，以95%的可能性大于3.83，99%的可能性大于3.67。驱油收入对其的影响在3.4%～7%之间，捕集及压缩成本对其影响大概在1.3%～2.6%之间，其他因素对单一债务覆盖比率的影响甚微。

4）累计债务覆盖比率

模拟的结果如图7-11（d）所示，累计债务覆盖比率均值为19.52，以95%的可能性大于16.30，99%的可能性大于13.86。土建及设备投资对其影响最大，占比20.5%，驱油收入对其的影响在6%～14.4%之间，捕集及压缩成本对其影响大概在1%～5%之间，其他因素对累计债务覆盖比率几乎不产生影响。

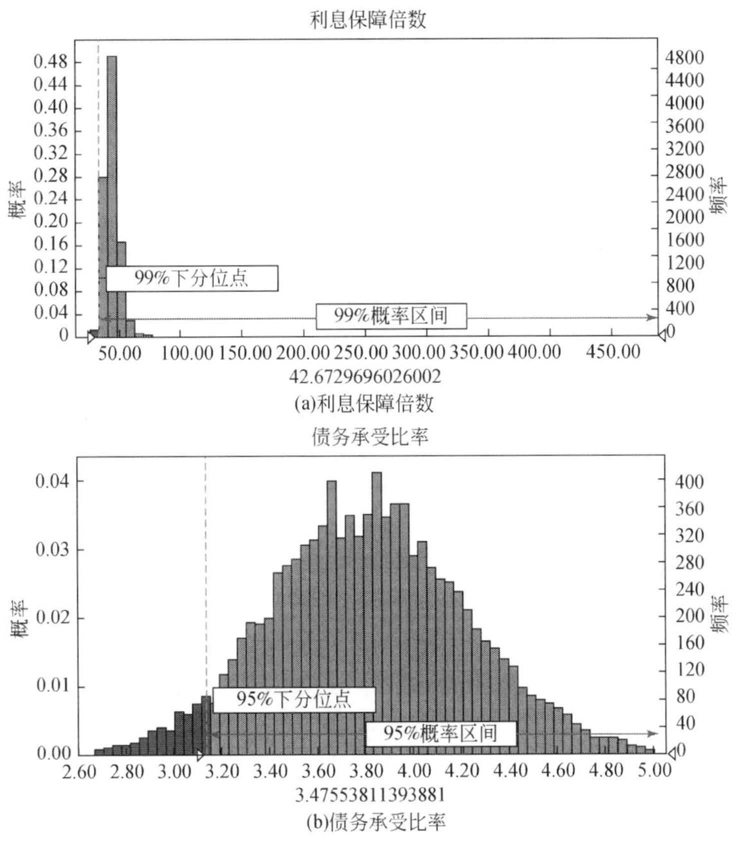

(a)利息保障倍数

(b)债务承受比率

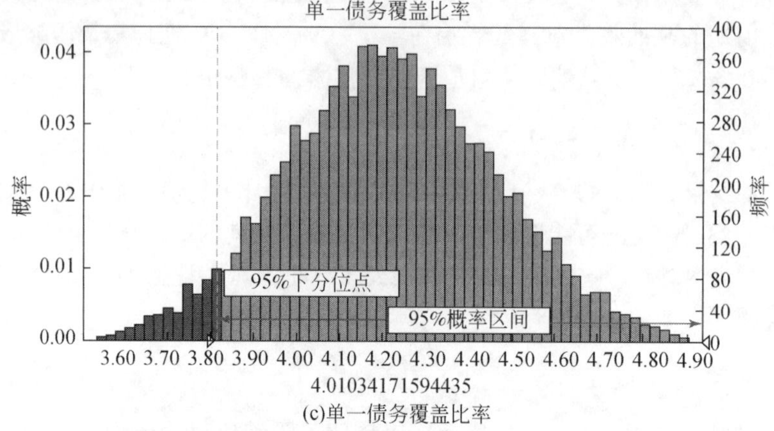

(c)单一债务覆盖比率

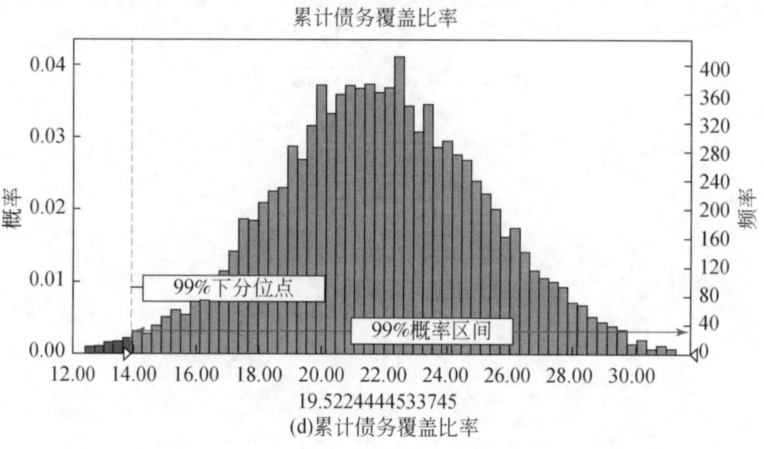

(d)累计债务覆盖比率

图 7-11 风险性指标分布图

5）公益性指标

由于该融资结构中不存在公益性资金，但单位减排量所需公益资金为零，此处不对此做出讨论。

综上，该项目在情景 1 中的融资模式下，具有良好的盈利能力和足够的还款能力，银行面临风险非常小。

12 种不同的融资模式下，各指标的均值如表 7-4 所示。

表 7-4 不同融资结构的各项指标

情景设置	资金成本	盈利性指标				风险衡量指标				社会效益指标
	加权资本成本	净现值/万元	内涵报酬率/%	投资回收期/年	总投资收益率/%	利息保障倍数	债务承受比率	单一债务覆盖比率	累计债务覆盖比率	单位减排量所需公益资金/（元/t）
情景 1	7.92%	139022	44.31	3.53	28.82	42.67	3.48	4.01	19.52	0.00
情景 2	7.86%	140534	44.80	3.49	30.25	50.20	3.51	4.19	20.43	0.262
情景 3	7.83%	146029	46.44	3.37	31.01	58.02	4.87	5.16	27.46	6.667
情景 4	7.83%	145989	46.39	3.38	30.99	58.02	4.87	5.16	19.52	6.667
情景 5	7.80%	146905	46.82	3.35	31.00	64.47	4.90	5.31	28.23	6.789
情景 6	7.71%	153733	48.73	3.23	31.73	104.38	7.69	7.82	44.87	13.456
情景 7	7.92%	139022	44.31	3.53	30.26	42.67	3.48	4.01	19.52	0.00
情景 8	7.87%	140671	66.31	2.63	30.26	27.32	2.34	2.84	14.32	0.00
情景 9	7.81%	146845	55.11	2.95	31.00	42.67	3.67	3.99	21.54	6.667
情景 10	7.87%	140616	52.78	3.05	30.25	35.60	2.81	3.36	16.73	0.123
情景 11	7.80%	146905	46.82	3.35	31.00	64.47	4.90	5.31	28.23	6.789
情景 12	7.66%	155754	86.92	2.19	31.73	40.24	3.46	3.66	21.80	23.456

对比情景 2、3、4 和情景 1，可以看出采用政策性贷款和使用公益资金会使项目资本成本下降，盈利能力提高，风险降低，即项目整体可行性提高；但是，同时使得项目的单位减排量所需公益资金数量增加，降低了项目的社会效益。其中，利用公益资金的效果比采用政策性贷款更加明显。从情景 5、6 可知，综合利用多种渠道的资金，会将各类渠道的特点中和，并没有综合的效应。情景 7 是将原有的企业自筹资金改为企业与政府共同投资，并按比例分得相应效益，这对项目的盈利性与风险没有影响，原因在于这只是将一个投资主体变成里两个同质的投资主体，对项目的发展没有影响。情景 8 ~ 12 将企业投入资金比例降低，提高外部融资的比例，可以发现，这可以使资金成本下降，盈利能力提高，但是项目的风险会提高。对于胜利油田 CCUS 示范项目来说，提高外部融资的比例后，仍具有很高的偿还能力，风险较低。

对于 CCUS 示范项目，基准的融资结构可以保证项目的顺利开展，但渠道过于单一。在保证还款能力的情况下，适当提高外部融资将有利于其盈利能力的提高。对于政策性贷款与公益资金，可以适当采用。

7.7.3 不同利益相关方 CCUS 合作情景设置

根据前述讨论，我们在分析两个利益主体间的 CCS-EOR 项目的合同中设计了 9 种情景。情景 1 ~3 主要分析电厂与油田在 CO_2 结算价格（固定或浮动）不同时，各自相应的收益与风险；情景 4 ~6 主要分析油田在 CO_2 用来驱油的需求量不确定时，CO_2 额外封存这部分成本分摊对双方收益和风险的影响；情景 7 ~8 是同时考虑浮动的 CO_2 结算价格，以及额外封存成本分摊时，双方收益和风险变化；情景 9 是考虑增加的结算价格灵活性，即假设每一期内的价格是固定的，但各期之间的合同价格不相关，即每一期都可以改变合同中关于 CO_2 结算价格设定的内容。可以认为 CO_2 的价格在若干个离散的点上随市场变化任意调整。

表 7-5　合同情景

情景设置	1）CO_2 出厂价格；2）电厂 CO_2 供应量；3）双方承担管道建设投资和运输费用比例；4）油田 CO_2 需求量；5）额外封存成本（未进行驱油的 CO_2 封存）
情景 1	1）固定；2）固定；3）50% ：50%；4）全部购买；5）油田承担 100%
情景 2	1）与油价挂钩；2）固定；3）50% ：50%；4）全部购买；5）油田承担 100%
情景 3	1）与发电燃料价格挂钩；2）固定；3）50% ：50%；4）全部购买；5）油田承担 100%
情景 4	1）固定；2）固定；3）50% ：50%；4）根据油田驱油需求变化（额外 CO_2 直接用来封存）；5）油田承担 100%
情景 5	1）固定；2）固定；3）50% ：50%；4）根据油田驱油需求变化（额外 CO_2 直接用来封存）；5）电厂承担 50%
情景 6	1）固定；2）固定；3）50% ：50%；4）根据油田驱油需求变化（额外 CO_2 直接用来封存）；5）电厂承担 100%
情景 7	1）与油价挂钩；2）固定；3）50% ：50%；4）根据油田驱油需求变化（额外 CO_2 直接用来封存）；5）电厂承担 50%
情景 8	1）与油价挂钩；2）固定；3）50% ：50%；4）根据油田驱油需求变化（额外 CO_2 直接用来封存）；5）电厂承担 100%
情景 9	1）短期固定；2）固定；3）50% ：50%；4）根据油田驱油需求变化（额外 CO_2 直接用来封存）；5）电厂承担 50%

7.7.4 不同利益相关方 CCUS 合作收益–风险分析

对每组情景，根据不确定因素及其分布情况，我们会生成 10 000 组随机数，因为默认企业会在市场条件变化的情况下随时调整自己的决策，因此，每出现一种情况（对应一条随机路径），油田和电厂都需要做出反应。我们通过对每一条随机路径下的电厂和油田的运营决策进行优化（企业收益最大化），进而模拟出电厂与油田的在 CCS-EOR 中的净现值及其分布，以考察电厂和油田在 CCS-EOR 中相应的收益和风险。

图 7-12 和图 7-13 是情景 1 的模拟结果。在情景 1 的合同约束下，电厂决策柔性有限，而油田可以选择 CO_2 用来驱油和封存的比例。模拟结果得到，电厂净现值的均值为 3297.54 万元，标准差为 17 940.50 万元，偏度为 0.03，峰度为–0.1，近似呈正态分布。其最大值为 71 083.31 万元，最小值为–66 201.23 万元，电厂的净现值波动很大。电厂净现值存在 43.2% 的可能性不盈利，项目的相对风险较大。油田净现值的均值为 154 547.65 万元，标准差为 46 759.90 万元，偏度为–0.07，峰度为 0.01，近似呈正态分布。其最大值为 325 613.92 万元，最小值为–28 661.19万元，尽管油田净现值波动也同样较大，但其净现值有 87.69% 的概率大于 0，相对于电厂，情景 1 中油田在 CCS-EOR 项目中的风险较小。

接下来我们通过改变油田与电厂在 CCS-EOR 中的合同内容，考察不同的权责分摊条件下，电厂和油田的收益状况和风险分布。表 7-6 是情景 1 ~ 9 的计算结果。

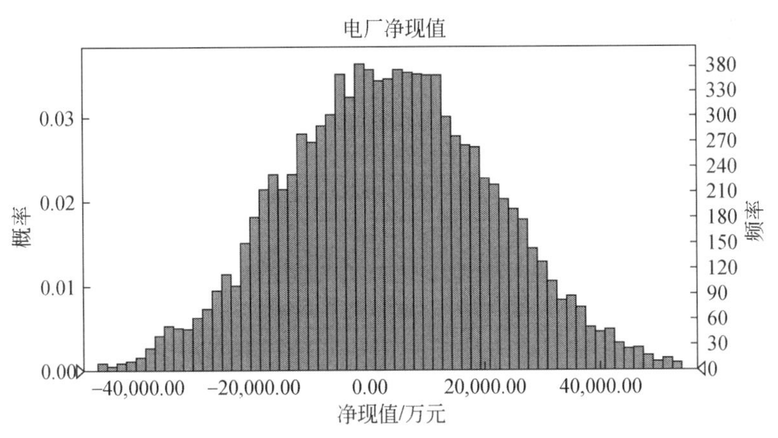

图 7-12　情景 1 电厂净现值分布图

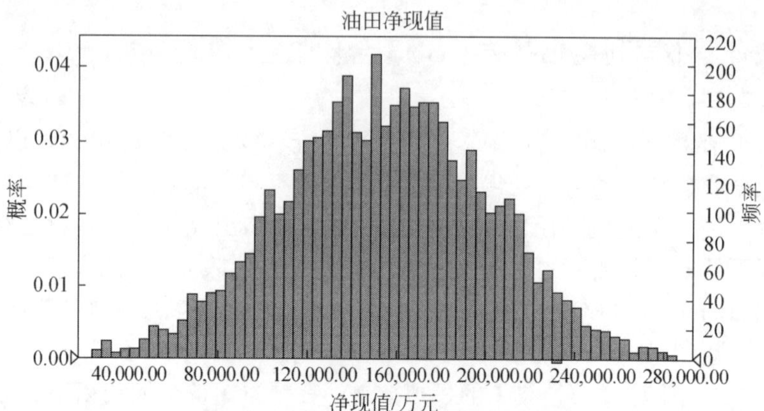

图 7-13　情景 1 油田净现值分布图

表 7-6　情景 1～9 中电厂和油田的收益与风险状况

情景设置	电厂			油田		
	NPV 均值	NPV 标准差	NPV<0 的概率	NPV 均值	NPV 标准差	NPV<0 的概率
情景 1	3 297. 54	17 940. 50	43. 22%	154 547. 65	46 759. 90	2. 00%
情景 2	−12 885. 83	23 274. 91	70. 70%	171 231. 33	41 169. 91	0. 00%
情景 3	3 840. 04	16 295. 98	40. 88%	154 265. 73	51 375. 42	4. 30%
情景 4	−301 080. 88	18 198. 50	100. 00%	239 443. 21	38 080. 37	0. 00%
情景 5	−303 502. 55	18 711. 29	100. 00%	242 180. 60	37 707. 94	0. 00%
情景 6	−305 831. 75	18 635. 79	100. 00%	244 508. 36	37 314. 79	0. 00%
情景 7	−314 044. 09	21 381. 21	100. 00%	252 857. 43	32 341. 48	0. 00%
情景 8	−316 408. 24	21 321. 60	100. 00%	254 952. 82	32 790. 20	0. 00%
情景 9	2 803. 69	17 806. 36	43. 80%	148 325. 31	46 445. 01	2. 82%

由计算结果可以看出，首先，当 CO_2 的价格与油价挂钩时（情景 2），油价波动的风险由电厂与油田共同承担，因此相比情景 1，电厂的净现值波动变大，油田变小。而当 CO_2 的价格与发电燃料价格挂钩时（情景 3），燃料价格波动的风险由电厂与油田共同承担，因此相比情景 1，电厂的净现值波动变小，油田变大。因此在存在两个利益相关方时，CO_2 结算价格与任何一方的收益或成本不确定性挂钩，都会减少另一方在 CCS-EOR 项目中的收益，并增加其运营风险。其次，当电厂 CO_2 供货价格固定，而油田可以根据自己的需求来选择 CO_2 进行驱

油的量时，此时除油价波动以外的风险几乎全部由电厂承担。并且对于 CO_2 的额外封存成本的分担比例，随着承担比例的上升，电厂或油田的净现值略有下降，风险略有提升，但是影响不大。当油田与电厂签订短期合同时，由于合同期较短，双方存在多次定价的机会。每次定价时，都会遵循双方盈利的原则调整定价，价格制定比较灵活，双方的行为不会受到合同条款的长期约束，因而双方均不会严重亏损。但由于电厂自身成本高昂，净现值仍只有 2803.69 万元，亏损概率为 43.80%，仍存在一定的风险，而油田自身的驱油收入较大，相对风险较小。

总的来看，在电厂和油田的 CCUS 全流程项目合作中，油田在合同中处于相对优势的一方，而电厂是相对弱势的一方。这也在很大程度上体现了捕获部分的整体成本要高于封存和驱油。这里就会出现在整个 CCUS 产业链中的权责不对等的问题，电厂付出较高的成本捕获并面临较大的亏损风险，油田付出相对较低的成本进行封存并且可以保证收益。这样不对等的合作会在很大程度上影响电厂对 CO_2 捕获的积极性。为保证电厂在 CO_2 利用合作中的积极性，在设计相关的合同条款时，需要适当偏向电厂一方。首先，CO_2 供货价格短期合同更有利于电厂控制风险，因此需要提高电厂在 CO_2 供货价格上的话语权和选择权；其次，当 CO_2 结算价格与某一方的油价或者燃料价格挂钩时，可以使对方一起来承担己方面临的市场风险，对于电厂来说，可以将 CO_2 供货价格与发电燃料（煤炭）成本挂钩。只有保证电厂和油田在 CO_2 利用都能获得相应的收益或分摊对等的风险，才能保证全流程 CCUS 项目的顺利实施。

第 8 章

CCUS 潜在融资机会与融资机制

低碳技术发展本身就存在很强的政策性导向，因此，促进 CCS 等低碳技术的发展，需要结合国际和国内的气候相关政策，拓宽 CCS 项目融资渠道，促进技术发展。本章将梳理 CCUS 项目可行的融资渠道，并结合成本核算分析结果，对 CCUS 融资提出相应的设计和构想。

8.1 国际气候基金对 CCS 的融资支持分析

多数气候基金含有针对 CCS 技术融资支持的内容，但鲜有专门针对 CCS 技术的基金项目。Almendra 等（2011）基于 IEA 的评估指出 CCS 项目需在 2015 年建成 15 个，到 2050 年达 3400 个，且其中 35% 在非 OECD 国家（地区）建成，这样才能实现 CCS 技术为 2050 年全球减排贡献率达到 19% 的目标。而在发展中国家推广 CCS 示范项目离不开国际气候融资机制的支持。表 8-1 给出了目前在发展中国家推广清洁能源技术所创立的碳基金。一方面，每项资金的规模较小，单项资金难以支持 CCS 技术示范项目的前期成本；另一方面，目前在国际气候融资机制中还缺少专门针对 CCS 技术融资的基金等融资平台与相关机制。

表 8-1　可为 CCS 技术融资的现有发展中国家清洁能源技术融资来源

来源	类型	额度/美元
全球环境基金信托基金（GEF）	通过对生物多样性、气候变化有关项目的资本拨款帮助发展中国家完成其在 UNFCCC 的履约责任，目前已为 CCS 项目拨款	适用范围：300 万
气候变化特别基金（SCCF）	资助项目主要针对适应性、能力建设、技术转让、应对气候变化，由 GEF 运作	总担保金额：6000 万
最不发达国家基金（LDCF）	帮助最不发达国家执行国家适应行动项目（NAPAs），由 GEF 管理	总担保金额：2.24 亿
清洁发展机制（CDM）	CCS 纳入 CDM 中，意味着投资者可以基于其存储的 CO_2 获得碳信用	2010 年 12 月的市场平均价格为 13 美元/t CO_2

续表

来源	类型	额度/美元
欧盟碳排放权交易机制（ETS）	投资者基于其存储的 CO_2 获得碳信用	2010 年 12 月的市场平均价格为 18 美元/ t CO_2
清洁能源融资伙伴基金（CECPF）	由亚洲开发银行组建并获得澳大利亚、日本、挪威、西班牙和瑞典的支持，通过资本拨款和贷款资助发展中国家清洁能源项目	总担保额度：602 万 2013 年的目标：20 亿 适用范围：1000 万
亚洲开发银行（ADB）CCS 基金	作为 CECPE 的 CCS 专用子基金，由澳大利亚筹集	CCS 基金担保额度：2190 万 适用范围：100 万
全球 CCS 学会（GCCSI）	由澳大利亚政府建立与资助，为 CCS 项目直接提供资本拨款，同时为 ADB 或克林顿气候倡议组织未来费用提供资金	平均年度支出：5000 万
清洁技术基金（CTF）	帮助发展中国家通过多边发展银行（MDB）资本拨款与贷款实现低碳发展转型。为低碳技术提供的融资规模逐步扩大并为新项目提供风险担保	总担保额度：43 亿 适用范围：2 亿
策略气候基金（SCF）	与 CTF 一道处于 UNFCCC 框架下，其为发展中国家实现新的方法提供完整的政策框架，CCS 适用其资助范围	CIF 总额：20 亿
世界银行能力建设 CCS 信托基金	资助 CCS 的能力建设和知识共享，提供碳资产创造服务	总资本：800 万
碳伙伴工具（CPF）	因为 CDM 较高的交易成本，CPF 基于长研发周期项目的风险投资，基本要素为“干中学”方法	总资本：2 亿

资料来源：Almendra et al. ，2011

8.2 政府气候政策对 CCS 的融资支持分析

8.2.1 相关政策支持

一些国家将 CCS 技术发展列入国家产业发展规划。欧盟出台欧洲战略能源技术规划，将 CCS 作为未来 10 年实现能源政策一揽子计划的基本工具（COM，2007）；挪威在有关控制能源总量、碳税等规定中均对 CCS 技术做了明确规定；澳大利亚出台 Regulatory Guiding Principles 和 Draft Offshore Petroleum Amendment（Greenhouse Gas Storage）Bill，为 CCS 技术推广构建政策框架并就管道运输、CO_2 注入与存储的安全管理做出规定；加拿大出台“Turning the Corner”计划，要求 2010 年后新建的燃煤电厂和油砂矿到 2018 年必须采用 CCS 技术（Environment Canada，2008）；日本将 CCS 作为 National Cool Earth- Innovative

Energy Technology Program 中认定的 21 个优先发展技术之一，并计划 2020 年建立第一个大规模捕获与储存装置；美国 EPA 清洁空气法案、交通部 49 号条例、安全饮用水条例等就 CCS 中运输、CO_2注入等多方面进行了明确法律规范；中国、巴西、南非、印度尼西亚等主要发展中国家政府都积极组建相关的研究机构进行技术攻关，并正与美国等发达国家合作筹建 CCS 示范项目。

8.2.2 政府援助与补贴

一些国家通过资助、补贴与税收减免等政策推广 CCS 技术。欧盟各成员国可在不违反自由贸易原则条件下对 CCS 不同关键技术进行补贴，其中德国对捕获技术给以 50% 的成本补贴，荷兰资助地下储存技术的研发，瑞典对封存的 CO_2 免征碳税，英国针对采用 CCS 技术的示范项目进行补贴，澳大利亚对有关低碳技术示范项目进行补贴。

8.2.3 利用排放权交易机制等市场化手段

欧盟在 EU ETS 中修订有关纳入 CCS 项目的相关政策，而利用排放权交易机制促进 CCS 技术融资需要对排放权交易机制进行相关机制设计，其主要问题有：第一，针对存储设备出现泄漏后配额的提交及由此带来的气候损失评估与责任认定需要在机制设计中加以明确，以有效识别与应对存储风险。第二，保证机制的稳定性与长期性以为 CCS 技术投资提供明确信号。EU ETS 将其第三阶段延长至 8 年以增加其政策的透明性、可预测性和稳定性。第三，合理设计有关 CCS 装置的配额分配等相关规则。EU ETS 在 2009 年明确将 CCS 技术纳入其中，装有 CCS 设备的电厂可不需上缴与其存储相等量的 CO_2配额，同时将新进入者配额拍卖的收益用作 CCS 技术的融资。第四，设计有效的方法学，解决 CCS 技术存储过程中的排放量核算等问题。第五，建立有效的价格稳定机制为 CCS 机制的投资产生有效激励。较低的碳价水平无法促进 CCS 技术发展，而有关促进 CCS 技术所需的碳价格水平的评估存在很大的分歧。

8.2.4 技术投标竞争机制构建新的市场平台

通过技术投标竞争机制构建新的市场平台。例如，参与者通过其提供的成本与电价水平参与投标，政府向投标获胜者提供电量全额收购协议。这项政策可有效推动社会力量参与 CCS 技术的投资。英国自 2007 年 11 月开始推行该机制以支持电厂的 CCS 示范项目在 2014 年前得以运行，其获胜者将得到其计划成本 100% 的资金支持。但是该机制仅针对燃烧后捕获技术，制约了燃烧前（中）捕获等相关技术的发展。

8.3 金融机构等其他市场参与者的融资支持分析

目前在这方面比较成功的是欧盟的欧洲投资银行（EIB）。EIB 向相关投资者提供低息贷款且在贷款的时间、利率、数量上具有较强的灵活性（Conway, 2006），在推动 CCS 等低碳技术发展中发挥重要的作用。EIB 2007 年推出 1 亿欧元 2012 年后碳基金（post－2012 Carbon Fund），与西班牙官方贷款委员会（ICO）、德国复兴银行和北欧投资银行（NIB）3 家欧洲国际金融机构合作为相关技术提供超过 5 年的融资项目，但这一资金不足以 CCS 技术的大规模应用。同时，EIB 与中国合作，在中国气候变化贷款协议（CCCFL）框架下为中国进行 CCS 示范项目提供 5 亿欧元贷款。

同时多边发展银行如亚洲发展银行（ADB）也在提供基金、风险规避产品方面起重要作用。ADB 专门设计 CCS 低成本融资工具，采用 sub－LIBOR 利率，提供预先碳融资（碳基金）和对 IGCC 的特许贷款。

8.4 各国的 CCS 融资政策

8.4.1 美国

奥巴马政府承诺为全美范围内较多的 CCS 项目提供融资支持。2009 年 2 月，《美国复苏与再投资法案》（*American Recovery and Reinvestment Act*，ARRA）为 CCS 项目拨款 34 亿美元。这笔计划资金有三部分主要用途，其中，约 15.2 亿美元通过竞标方式投放用于工业 CCS 项目，约 8 亿美元用于清洁煤电计划（CCPI），约 10 亿美元用于 FutureGen。

1）工业项目

目前已有 3 个大规模产业 CCS 项目被美国能源署（Department of Energy, DOE）选中，从 ARRA 获得资金支持，分别是①Decateur- Arthur Daniels Midland

Company；②Port Arthur-Air Products；③Lake Charles-Leucadia Energy。

作为致力于从工业生产过程捕集 CO_2 并储存或进行商业化利用的 14 亿美元的一部分出资，这些项目于 2009 年 10 月获得资金支持。第一阶段的研发资金包括 2160 万美元的 ARRA 资金和 2250 万美元私人资金，共计 4410 万美元投资。紧接着第一阶段任务的成功完成，这 3 个项目目前已经进入第二阶段的设计、建设和运营阶段。第二阶段包括 6.12 亿美元 ARRA 资金，3.68 亿美元私人投资，共计 9.8 亿美元投资。如果被资助的这些项目中有项目没有取得进展，那么它得到的 ARRA 下的资助金将返还给美国财政部并被用于其他用途。目前，美国的气候变化政策发展近乎停滞影响了许多项目。根据相关研究的跟踪，有许多项目被搁置或取消（并不是所有的此类项目获得过美国政府的资助金），其中最主要的原因之一是政府碳减排政策的不确定和国家碳减排政策的缺乏。

2）清洁煤电计划（CCPI）

CCPI 于 2002 年成立，同时关注环境保护和美国能源供应的长期稳定性。该计划是公私合营模式，旨在支持商业化规模的清洁煤生产技术的示范。2009 年，美国能源部宣布选取 3 个新项目，加速商业化规模的具有 CCS 的先进煤技术的发展。这些新技术将保证美国拥有清洁、可靠、便宜的电力和能源供应。包括：美国电力公司的 Mountaineer 项目、Southern Energy 公司的 Plant Barry 项目和高峰电力集团的 Texas Clean Energy（TCEP）项目。作为第三轮 CCPI 项目的一部分，这些项目将获得 9.79 亿美元的投资，其中包含来自 ARRA 的投资，也将利用 22 亿美元的来自私人资本的杠杆。2009 年，美国能源部宣布 Basin Electric Power Cooperative 和 Hydrogen Energy International LLC 项目被选取，可以从 ARRA 中获得 4.08 亿美元的资金支持。2010 年 3 月，美国能源部宣布在南方能源集团的 Plant Barry 项目从 CCPI 中退出之后，NRG 能源集团的一个项目被选取，将获得包括 ARRA 资金在内的 1.54 亿美元项目拨款。目前，随着三个第三轮 CCPI 项目的退出，美国能源部在剩余三个项目中的投资为 10.3 亿美元（预计总投资超过 60 亿美元），在所有项目投资中占的份额从 22% 降到 17%。CCPI 目前活跃的项目有：①Texas Clean Energy Project（TCEP）；②Hydrogen Electric California Project（HECA）；③Energy Parish Project。CCPI 中退出的项目：①Mountaineer Project；②Plant Barry；③Kemper County；④Beulah。

3）FutureGen

FutureGen 是在美国伊利诺斯州规划的一个零排放燃煤电厂。该项目由电力煤炭行业的一个非营利性组织——FutureGen 产业联盟协同经营。2010 年 8 月，该项目获得 ARRA 提供的 10 亿美元资金支持，11 个联盟成员也被要求在项目周期内出资 400 万 ~6 亿美元。

4）美国区域合作机制

美国能源署也发展了 7 个区域合作机制。这些合作机制由当地利益相关方所有，服务于区域内的项目。这一计划分为三个阶段：第一阶段，特征描述；第二阶段，批准生效；第三阶段，开发阶段。开发阶段内容包括 9 个年 CO_2 捕集量高于 1 万 t 的大规模 CCS 项目的实施和运营，安全性示范，以及 CO_2 在美国和加拿大的地质结构中的有效储存。第三阶段目前通过合作机制的努力正在实施中，注入活动也在 Cranfield 进行。这些大规模的注入活动代表了合作机制正在进行的 21 个小规模地质储存实验的大力扩展。

7 个合作机制名单如下：①西南区域合作机制（SWP）：Entrada；②东南区域合作机制（SECARB）：Cranfield，Citronelle；③平原 CO_2 减排合作机制（PCOR）：Fort Nelson，Williston Basin；④中西部地质减排联合：Decatur；⑤中西部区域碳减排合作机制：Otsego County；⑥西海岸区域合作机制：Kimberlina；⑦Big Sky 区域合作机制：Kevin Dome（最初的项目为 Riley Ridge，但是目前这个项目被取消了，因为该项目虽然从能源署收到资金但从未起步）。

8.4.2 加拿大

加拿大在 CCS 技术上进行了充分的投资，并将其视作国家增加石油产量以满足设计需求以及从石油生产过程中减少碳排放的有效途径。加拿大 CCS 技术发展路线图（2006）从三个层面阐释了 CCS 的重要性：①化石能源对加拿大来说具有国家层面的重要意义。加拿大具有丰富的化石能源资源以及完善的化石能源生产销售产业。据加拿大国家能源部门预期，在未来至少 100 年时间内，化石能源使用将继续在国家能源需求中占主导地位。使加拿大完全放开对化石能源需求的依赖需要大量的政府补贴来驱动市场，在长期来看几乎是不可能的；②利用捕集的 CO_2 可以提高加拿大的石油采收率，加拿大也具备很好的地质储存条件来解决剩余的 CO_2 储存需求；③加拿大应对气候变化计划得出结论，认为 CCS 是能够帮助加拿大实现减排目标的潜力技术之一。

2007 年，加拿大西部省份阿尔伯塔和联邦政府合作建立了一个 CCS 特别工作组。工作组的任务是为政府和行业实现合作以推动 CCS 在加拿大的发展提供方法。在 2008 年，项目组提出了 3 项近期行动，以促进加拿大在 CCS 全面运用上的进展。

（1）联邦政府和省政府应该专项拨款20亿美元成立新的公共资金以撬动第一批CCS项目融资（表8-2）。这一行动可概括为资助第一批3～5个CCS项目，年CO_2减排量约为500万t。这项行动将成为加拿大在国内减排领域贴上加拿大制造标签，并奠定全球CCS领导者地位。这些资金通过竞争机制进行分配，所有项目应在2015年前投入运行。加拿大经济行动计划为清洁能源研究和示范项目投资10亿美元，其中包括投资于大规模碳捕集和封存项目的6.5亿美元。CCS项目可通过生态能源基金、清洁能源基金计划以及州政府获得资金支持。

表8-2　加拿大联邦政府和省政府用于CCS发展的基金

	简介	资金分配如下
生态能源基金	政府从2.3亿美元生态能源科技计划中投资1.4亿美元用于CCS项目，以促进CCS技术发展。一部分CCS示范项目从众多的提案中被选中获得政府资助	Heartland Area Redwater Project（HARP）（eco能源基金400万美元） Enhance Energy Integrated Carbon Capture，Pipeline and EOR（eco能源基金3300万美元） Fort Nelson Transalta Pioneer Project（eco能源基金2700万美元）已取消 Husky Energy CO_2 Injection in Heavy Oil Reservoirs
清洁能源基金计划	清洁能源基金将在五年内提供近7.95亿美元，用于支持CCS项目研究、开发与示范，以加快加拿大在清洁能源技术领域领导地位的实现。2009年秋，阿尔伯塔省宣布了3个CO_2捕集和封存项目，共计4.66亿美元	Shell Canada Energy Quest Project（清洁能源基金1.2亿美元） TransAlta Pioneer Project（清洁能源基金3.158亿美元）已取消 Enhance Energy Integrated Carbon Capture，Pipeline and EOR（清洁能源基金3000万美元）
阿尔伯塔省政府	阿尔伯塔政府用20亿美元CCS基金支持了4个CCS项目建设并签署了意向书，目前已有两个暂停或者取消 2010年12月2日，澳大利亚政府和阿尔伯塔省政府共同发布了碳捕集与封存章程修订法案，2010（法案24），用于指导大规模CCS项目运营。法案24规定，只要运营者提供数据显示储存的CO_2已受控制，则阿尔伯塔政府就会接受CO_2注入带来的长期责任。同时，法案将建立一个由CCS项目运营者出资的基金用以支付监测成本和任何需要补救措施	Alberta Carbon Trunk Line（阿尔伯塔政府4.95亿美元） Shell Canada Energy Quest Project（阿尔伯塔政府7.45亿美元） Swan Hills Synfuels（阿尔伯塔政府2.9亿美元）已暂停 TransAlta Pioneer Project（阿尔伯塔政府4.36亿美元）已取消
萨斯喀彻温省政府	萨斯喀彻温省政府批准了一个12.4亿美元的项目，包含来自联邦政府2.4亿美元的财政支持，Sask电厂将重建老化的边界大坝电厂3号机组，重建后将具备燃烧后碳捕集能力	

（2）需要官方明确可储存的空隙空间的所有权和处置权归属问题。另外，必须有从产业到政府的长期责任转移机制。2010年10月，阿尔伯塔政府通过了

碳捕集与储存章程修正案（2010），即法案24。这项法案明确了多孔隙空间所有权及长期责任问题，并且建立了用于支付监测及补救费用的关闭后管理基金。

（3）联邦政府和省政府致力于制定完善的政策，为CCS活动创造潜在的商业价值。项目组指出，2005年有高达64%的公众表示对政府财政支持CCS的做法持支持态度。与许多其他国家不同，加拿大似乎具备推进CCS项目向前发展所需的必要的民众支持。2008年9月，加拿大碳捕集和储存网络在能源部理事会的指导下成立。这是一个以联邦政府、省政府、地方政府为基础的网络系统，通过这个网络，政府部门可以合作解决加拿大境内具有共同利益的CCS关键问题。加拿大积极寻求国际合作，并于2009年7月加入全球碳捕集和封存研究院（GCCSI）。

8.4.3 欧盟

欧盟内的CCS项目可以从两个CCS资助计划中获得资金：欧洲能源复兴计划（EU Energy Program for Recovery，EEPR）和NER300。这两种资助计划均设在欧盟委员会下，且资助额度可观。EEPR和NER300均不覆盖CCS示范项目的全部成本，这些项目仍然要求政府支持和私人投资。一些欧洲成员国政府设立专门的支持CCS项目的基金，如英国设立10亿英镑碳捕集框架计划，然而大多数政府没有设立专门的CCS项目基金，只能从其他通道申请资金。小额的资金来源可以来自FP7，但是这些资金主要用于小规模的研究和开发项目（表8-3）。

表8-3 欧盟用于CCS发展的基金

	简介	资助项目
NER300	NER300是一个由欧盟委员会、欧洲投资银行和其成员国共同管理的融资工具。根据ETS指令2009——这一指令，2009年6月开始生效，是对欧盟交易机制原始版本的修订：欧盟排放贸易体系（ETS）下预留出3亿碳排放许可权（或者是为新能源预留，也称为“新能源预留基金”，即NER300）支持CCS示范和创新的可再生能源技术，包括12个大规模的CCS示范项目。这些碳排放配额可以在碳市场上出售，以为这些项目筹集资金 欧盟成员国可以申请NER300基金解决可再生能源或者CCS项目一半的资金需求，前提是项目所在国政府保证覆盖其余50%的成本	在第一轮NER300基金申请中，共有22个CCS项目提出申请。2012年7月，欧盟委员会发布了这些项目的排序。前3个项目很可能获得NER300基金的支持，如果这些项目所在国政府可以保证其余50%的投资。3个项目为： 1）Don Valley Power Project，英国的燃烧前捕集项目 2）Belchatow，波兰的燃烧后捕集项目，2013年4月取消 3）Green Hydrogen，荷兰的工业应用CCS项目 2012年12月欧洲委员会发布了资助决定：没有项目满足NER300基金资助的标准，第一轮用于CCS项目的2.75亿欧元资金将被滚动用于支持该计划第二阶段的项目 NER300 2013年4月开始了第二轮征集建议书，在2013年7月截止时，仅有一个CCS项目提交了资金申请。该项目为White Rose Project，英国的一个富氧燃烧项目

	简介	资助项目
EEPR	欧盟能源复兴计划（EEPR）是一个1亿欧元的基金，该基金用于支持波兰、德国、荷兰、西班牙、意大利和英国的CCS示范项目。该计划2009年5月开始，欧盟委员会在2009年12月宣布了资助6个项目的决定	Janschwalde，德国。由Vattenfall主持实施的300MW富氧燃烧和燃烧后捕集项目，该项目由于立法的不确定性而取消，剩余资金在项目取消后已经归还EEPR Porto-Tolle，意大利。由意大利国家电力公司（ENEL）主持实施的250MW燃烧后捕集项目，该项目由于许可的原因已经推迟，是否进行仍然充满不确定性 ROAD，荷兰。1GW电厂中的250MW燃烧后捕集项目，该项目获得了政府的支持 Belchatow，波兰。250MW燃烧后捕集项目，2013年4月取消 Compostilla，西班牙。An Oxy fuel 323MW onshore project，最终决定不作全规模示范 Don Valley，英国。A Pre Combustion 900 MW onshore project with EOR，2012年获英国政府同意
FP7	第七框架计划（FP7），在2007~2013年期间拥有超过5000万欧元的总预算，是欧盟用于专门支持研究和开发的工具，它通过竞争性的征集项目建议书，以及对其独立的同行评审，对研究、技术开发和示范项目提供资金。CCS研究已经从FP7计划中获得了资助	
各国政府的资金支持框架——以英国为例	英国建立了10亿英镑的碳捕集框架计划，该计划2012年4月重新启动。该计划主要支持商业化规模的CCS项目的设计、建设和运营。苏格兰电力的Longannet曾经作为之前CCS竞争中剩余的唯一候选人。但是2011年10月，Longannet项目被取消，主要原因是苏格兰电力要求额外的5亿英镑用于覆盖增加的项目成本，而英国政府则未提供 CCS项目的竞争在2012年4月重新开始，截至2012年7月。2012年11月，4个项目被列入短名单。2013年1月14日，上述4个项目重新提交了修改后的建议书。 2013年3月20日，Peterhead和White Rose项目被宣布为优先资助项目，将获得10亿英镑的部分份额。至2015年英国政府做出最终投资决策。其余两个项目将被做出储备。上述项目计划2016~2020年运行	Peterhead，苏格兰。385MW燃烧后捕集系统改装到1180MW的烧气涡轮发电厂，预计10万t/a的捕集量，优先资助项目 White Rose Project，英格兰。英国。340MW的富氧燃烧电厂，预计封存量为20万t/a，优先资助项目 Captain Clean Energy Project-A，英格兰。570MW IGCC电厂燃烧前捕集系统改装，已取消 Teesside Low Carbon Project，英格兰。燃燃前捕集，IGCC电厂改装，预计封存250万t/a至深盐水层，储备项目

8.4.4 澳大利亚

近期，澳大利亚 CCS 项目的两个主要资金来源为：

1. CCS 旗舰项目

澳大利亚政府的 CCS 旗舰项目是政府扩展的 51 亿澳元清洁能源计划的一部分。CCS 旗舰项目得到国家低碳排放计划的支持（该低碳排放计划包括研究、示范、规划和基础设施建设部分），并建立于全球低碳技术研究院对世界范围内加速推广实施产业化水平 CCS 项目支持的基础之上。CCS 旗舰项目旨在加速 CCS 技术的发展和示范。该项目意欲通过支持工业生产过程中 CO_2 排放的捕集和储存，促进 CCS 技术的广泛传播。这一目标响应了 G8 的呼吁，即至 2010 年在全球范围内建立 20 个 CCS 示范项目，至 2015 年达到可操作水平，至 2020 年达到商业化应用水平。CCS 旗舰项目专项拨款 19 亿美元用于支持在 9 年内建设 2～4 个具有 1000MW 综合能力或其他产业中同等能力的商业化规模 CCS 项目。这笔资金也可用于各环节项目，如管道系统和储存场点的发展。澳大利亚政府将为最终选定的 CCS 旗舰项目资助高达 1/3 的非商业化成本。项目提名于 2009 年 8 月 14 日结束。

2009 年 12 月，4 个已在决选名单里的项目：①Wandoan：IGCC 电厂，昆士兰；②Zerogen：IGCC 电厂，昆士兰；③Collie South West Hub：多用户产业捕集，西澳大利亚；④CarbonNet：多用户电厂捕集，维多利亚。

2. 全球 CCS 计划（GCCSI）

2008 年 9 月，全球碳捕集与封存研究院（GCCSI）由澳大利亚政府宣布组建，并于 2009 年 4 月正式启动。2009 年 7 月，全球碳捕集与封存研究院开始独立运营。该机构为非营利性机构，在成立之初，澳大利亚政府承诺向其提供为期 4 年，每年 1 亿澳元的资金支持。GCCSI 致力于通过知识技术的建设和分享来支持 CCS 在全球温室气体减排方面做出显著贡献。这一目标也可通过知识分享、事实支持和项目资助等途径实现。2010 年 10 月，作为克服大规模综合性 CCS 示范项目面临的关键障碍所作的知识分享工作的一部分，GCCSI 宣布世界范围内将有 6 个项目获得来自 GCCSI 的融资支持。这笔资金共计 1800 万澳元。2011 年 5 月，澳大利亚政府宣布大幅削减 CCS 项目的资金支持，至 2015 年共减少 42 090

万澳元资金支持。

8.4.5 中国

1）项目投资政策

1996年8月23日，国务院发布了《关于固定资产投资项目试行资本金制度的通知》（国发〔1996〕35号）。该通知规定，从1996年开始，对各种经营性投资项目，包括国有单位的基础建设、技术改造、房地产开发项目和集体投资项目试行资本金制度，投资的项目必须首先落实资本金才能进行建设。2009年5月25日，国务院下发了《关于调整固定资产投资项目资本金比例》。根据上述文件，项目投资最低资本金比例一般为30%，CCS项目投资须参照此规定执行。

2）国内金融环境

由于CCS项目风险高，在商业上远未成熟，因此融资无法设计为以项目为基础的债务融资方案（项目融资），该类项目的债务融资主要还是需要依靠项目发起人的信用能力。由于进行CCS示范项目前期研究的均为实力雄厚的中央企业，信用能力强，因此项目比较容易获得商业银行贷款。但目前国内资金面较为紧张，贷款利率较高，因此NZEC-II示范项目的贷款利率取得优惠贷款利率也较为困难。

8.5 各典型CCS项目的融资方案

综合目前已有的CCS示范项目融资状况（表8-4），从资金来源上看，表中示范项目主要资金均来自政府赠款，而股权和债务等社会资金基本未涉及。这也在很大程度上解释了目前CCS技术发展较为缓慢的原因。从技术本身来看，一方面，企业和社会对该技术相对了解不足，缺乏对技术盈利模式的明确预期，不敢贸然进入；另一方面，因为CCS的技术发展及相关成本核算一直不清晰，也无法给投资者提供明确的价值预期。从政策层面来看，CCS的价值在于减排，由于气候政策不明朗，政府除对技术示范提供资金支持外，没有在其他层面给予更加有效的投资激励措施。这些都导致了目前CCS的融资渠道单一。

表 8-4　各典型项目的融资状况

项目名称	投资者	地点	规模（兆瓦）	状态	总投资	资金来源			其他激励政策
						赠款	股权资金	债务资金	
Boundary Dam	Sask Power	加拿大萨省	110	建设中	12.4 亿加元	联邦政府：2.4 亿加元	未知	未知	减收资源税
ROAD	E. ON	荷兰	250	计划中	12 亿欧元	欧盟：1.8 亿欧元；荷兰 1.5 亿欧元	未知	未知	未知
White Rose	Capture Power	英国	426	计划中	未知	欧盟 NBR300：3 亿欧元；英国政府支持	未知	未知	未知
AEP Mountaineer	AEP	美国西弗吉尼亚	235	取消	6.68 亿美元	美国能源部：3.34 亿美元	未知	未知	未知

8.6　现有 CCS 项目融资机制分析

目前在挪威、加拿大、德国、美国等国家已开始 CCS 示范项目的筹建和运营，但是很大一部分项目由于融资机制的不完善被搁置。本节主要对比分析成功与失败项目的经验。

8.6.1　成功 CCS 项目的经验分析

本节选取了挪威的 Mongstad 热电联产 CCS 项目和 Snøhvit 天然气田 CCS 项目，加拿大的 Weyburn-Midale 油田 CCS/EOR 项目和 Boundary Dam 燃煤电厂 CCS 项目以及德国 Schwarze Pumpe 燃煤电厂 CCS/EOR 项目作为案例进行分析。这些 CCS 示范项目基本取得了成功。表 8-5 给出了这几个 CCS 示范项目的基本信息及成功因素的比较。从表中可以看出，这些 CCS 示范项目之所以取得成功，一方面是政府积极参与，包括直接投资和碳税、FIT 等辅助激励政策，这一点挪威的两个示范项目体现得比较突出；另一方面是政府与企业良好的合作关系，加拿大的 Boundary Dam 项目的成功主要因为当地能源公司与政府通力合作，公众对项目的支持度比较高。同时 CCS-EOR 项目的成功还要源于其 EOR 采收率高带来可观的经济收益。同时从这几个成功案例中可以发现，政策性银行等金融机构基本没有参与。

表 8-5　CCS 示范项目典型案例成功因素分析

项目名称	所属国家	类型	政府参与融资及其比例	社会出资	政府激励政策	存在其他经济收益	金融机构参与
Mongstad	挪威	燃烧后	是（75.12%）	3 家能源公司参与	发电全额收购		否
Snøhvit	挪威	EGR	仅参股	1 家私人公司参与	碳税		否
Weyburn-Midale	加拿大	EOR	无	12 家国际公司共同筹资	无	EOR 采收率高	否
Boundary Dam	加拿大	燃烧后	是（19.35%）	Sask Power 公司与政府合作	电力市场管制		否
Schwarze Pumpe	德国	燃烧后	无	Vattenfall 能源公司自筹	无		否

8.6.2　CCS 部分失败项目经验总结

为深入探讨 CCS 融资机制，本节还选取了 5 个 CCS 示范项目的融资案例，分别是美国的 FutureGen 燃煤电厂+氢气 IGCC/CCS 项目，挪威 Tjeldbergodden 油田 CCS/EOR 项目，英国 Killingholme 燃烧前捕获 CCS 项目，澳大利亚 Kwinana IGCC/CCS 项目和 ZeroGem IGCC/CCS 项目。这些项目有的中途返修重建，有的因经济原因停滞，有的是由于技术原因关闭。表 8-6 给出了这几个 CCS 示范项目的基本信息及失败原因的分析。从表 8-6 中可以看出，引起 CCS 示范项目失败的原因是多种的，最关键的因素在成本和技术两方面的不确定性，比如澳大利亚的两个燃烧前捕获的 IGCC/CCS 项目都是因为在 CO_2 储存地点选址方面出现失误，这样带来了成本大大超过项目预期。同时政府扮演的角色仍然重要，比如英国 Killingholme 项目的失败主要归咎于其技术投标竞争机制不包括对燃烧前捕获技术的资金支持，这说明政府融资激励政策的作用是十分重要的。

表 8-6　CCS 示范项目典型失败案例原因分析

项目名称	所属国家	类型	状态	选址问题	成本不确定性	政府决策失误	未实现预期经济收益
FutureGen	美国	燃烧前 IGCC	重建	是	是	决策力度不足	
Tjeldbergodden	挪威	燃烧后	终止		是		是
Killingholme	英国	燃烧前 IGCC	延期			投标竞争机制不包含该技术	
Kwinana	澳大利亚	燃烧前 IGCC	延期	是			
ZeroGem	澳大利亚	燃烧前 IGCC	延期	是	是		

基于以上针对 CCS 成功与失败案例分析，可以总结得出影响 CCS 项目成败的几个关键因素，见表 8-7。

表 8-7　CCS 项目成败的影响因素

因素	成功案例	失败案例
政府强有力的支持与资金资助	Boundary Dam 项目	FutureGen 项目
良好的公司伙伴关系	Snøhvit 项目	FutureGen 项目
碳税等价格机制引导	Snøhvit 项目	—
成本因素（EOR 的经济性等）	—	Tjeldbergodden 项目
技术因素（选址）	Kårstø 项目	Kwinana 项目 ZeroGem 项目

第9章

总结和展望

9.1 总　　结

在全球共同应对气候变化的背景下，CCS被看作是温室气体减排的一个重要方案，其大规模应用会使得全球应对气候变化的行动更具成本效益。在实际工程中，经济性评价是决定CCS/CCUS项目是否得以实施的关键决策因素，因此需要摸清CCS各个环节的成本。虽然国际知名机构均认为CCS的采用会对减排带来成本效应的正向作用，但涉及到具体的工程技术核算时，CCS技术的成本估计结果分歧很大。因此，有必要系统探讨并提供客观、公正、透明的CCS工程项目核算办法。

为了更好地推动中国CCS示范项目的开展，本书结合项目研究成果，对CCS项目成本核算原则、捕集成本核算、运输成本核算、封存成本核算、全流程成本核算进行了系统介绍，并针对CCS融资渠道、融资机会、融资机制开展了深入研究和案例分析。本书的主要结论如下。

1. 成本核算方面

1）CCS成本核算依据

从项目本身来看，CCS项目是一类应对气候变化的资本项目，可以遵循一般资本性项目的成本分类方法进行核算。目前国内资本项目经济分析一般将国家发展和改革委员会和住房和城乡建设部联合发布的《建设项目经济评价的方法与参数》（第三版）（以下简称《方法与参数》）作为指南。在《方法与参数》中，项目支出包括项目投资和成本费用，其中项目投资有两种核算口径，分别是项目总投资和建设投资。建设投资包括工程费用、工程建设其他费和预备费三部分。

2）CCS 成本核算方法指标

从分析指标上看，目前国际 CCS 研究中成本指标有平准化发电成本、第一年发电成本、CO_2 的减排成本、CO_2 的捕集成本。其中，平准化发电成本被广泛应用于定义电厂生命周期中发电的单位成本，是比较不同技术在经济寿命中单位成本的有用工具。

3）CCS 成本核算方法适用性

CCS 全流程项目分为捕集、运输、封存与利用三个模块，成本主要包括这三部分在建设期及运营期的成本。在捕集方面，本书主要采用增量成本界定原则，即核算电厂在进行 CCS 改造及运营增加的所有成本。运输和封存方面，将根据一般工程项目成本核算方法进行核算。在 CO_2 利用方面，除核算成本外，我们还会考虑利用产生的收益对成本的抵消。

4）捕集阶段成本核算

CO_2 捕集过程的成本和能耗占 CCS 全环节成本和能耗的70% ~80%，是 CCS 的关键环节和研发焦点。本书主要采用增量成本界定原则，从项目层面出发，分静态和运营成本两大部分，基于 CO_2 燃烧后捕集、燃烧前捕集和纯氧燃烧捕集 3 种技术的工艺流程展开成本核算分析。在相关设备的投资和运营参数确定上，本书主要基于详细清单法和类比估算法。此外，本书还设计开发了成本核算的软件，以方便核算捕集成本。

5）运输阶段成本核算

世界上大规模 CO_2 运输大部分采用超临界 CO_2 管道进行输送，因此本书主要研究超临界 CO_2 管道输送的成本。运输成本主要从投资成本和运营成本两个方面进行计算，并参考了 David L. McCollum 的方法。本书给出了管道直径的迭代计算方法，并推导了路上管道的投资、维护与操作和 CO_2 运输的平均成本。

6）封存阶段成本核算

封存成本包括封存固定投资、维护与运行成本，其中封存固定投资成本包括现场勘察和场地评估费用、钻井与 CO_2 管网成本、注入设备成本；运行与维护成本分为四类，包括正常的日常开支、耗材、地面设备的维护、地下维护。本书还研究了 CO_2 封存的平准化成本，发现当封存规模超过一定程度后，勘察、监测费用均摊后的单位 CO_2 成本降低，而注入量超过 2Mt/a 年后，单位 CO_2 的平准化成本相对稳定。

2. 融资方面

1）融资渠道类型

有效的融资渠道是解决 CCUS 发展的巨额资金需求的途径，目前 CCS 的融资渠道包括政府补贴和投资、研发资助、税收政策、清洁发展机制、碳排放配额交易、电价调控、低碳能源供应配额、信托基金、CO_2 商业化利用等。

2）全流程 CCS 融资核算方法

本书结合 CCS 各个环节的成本核算方法，从经营角度出发，构建 CCS 的现金流量表。本书还给出了 CCS 融资核算方法，基于现金流量表计算融资主体关注的指标数值，并进一步分析融资过程中的不确定因素，进而评价其融资结构。此外，本书还设计了不同运营运营主体间的风险分析与分担最优决策，开展了不同融资模式、不同利益相关方合作的数值模拟和情景分析。

3）各国 CCS 融资政策

促进 CCS 技术的发展，需要结合国际和国内的气候相关政策，拓宽 CCS 项目融资渠道。本书分析了国际气候基金、政府气候政策、金融机构等其他市场参与者对 CCS 的融资支持，解读了各国的融资政策。美国、加拿大、欧盟、澳大利亚发展较快，除了对技术研发进行资助外，还都采用了初期政府补贴和投资，并试图利用市场化和税收政策进行激励。

4）现有 CCS 项目融资经验分析

本书综合目前已有的 CCS 示范项目融资状况，从资金来源、技术本身、成本核算、政策等层面分析了各典型项目的融资状况，对比分析了成功与失败项目的经验。并结合我国实际情况，从赠款、股本金、贷款等方面设计了 NZECII 项目的融资方案。

CCS 项目需要大规模的前期资本投入，并且具有较高的运营成本，因此未来 CCS 项目开发中仍然面临巨大的资金缺口。在当前的法规和财政环境下，虽然部分地区已经立法规范碳排放并确立了 CO_2 排放权的价格，但减排收益并不足以弥补 CCS 的成本。为此，近期的 CCS 示范项目还需要资金支持，而未来中长期 CCS 技术的推广则需要额外的资金激励机制。一系列政策和融资机制可被用于提高新能源技术的投资，但是只有少数机制可以被用于 CCS 技术，因此前面对全球现行的 CCS

项目融资机制的深入探讨对我国 CCS 项目的决策和发展具有重要意义。

9.2 展　　望

作为负责任的发展中大国，我国非常重视开展减缓 CO_2 排放的工作，针对 CCS 这项新兴的 CO_2 减排技术，政府大力加强 CCS 技术的研发与示范，不断出台各项 CO_2 减缓的政策与规划，还加快开展优先技术的试点示范，为中国乃至全球的温室气体减排做出了重要贡献。中国大规模 CCS 项目的实施，开展 CCS 项目经济性客观科学的评价，以及建立适合中国 CCS 发展的融资机制对中国而言十分必要。

中国作为发展中大国，比美国、加拿大、欧洲等发达国家或地区面临着更复杂的 CCS 成本、融资挑战：①经济社会发展水平较低，难以承受系统部署 CCUS 全流程技术示范的巨大成本，更不用说大范围推广和应用涉及的额外能耗和成本；②中国 CCS 项目成本研究和实践较少，CCS 成本的界定不一致，具体工程技术核算的成本估计结果分歧很大，导致 CCS 的成本信息和经济性分析出现一定程度的混淆和偏差；③在当前的法规和财政环境下，CCS 将导致效率降低、成本上升、能量产出减少，商业电厂和工厂不会主动投资 CCS；④高昂的研发费用和示范成本需要多元化的资金来源，中国 CCS 技术研发和项目示范的融资渠道较少，主要来源于政府共有资金的投入，来自私营部门的尚在少数。因此，中国急需系统探讨 CCS 技术核算方法，并摸索适合国情的融资机制。

为了推动中国 CCS 项目大规模实施，更好地开展经济性分析和成本核算，建立完善的融资机制，本书整理和分析了国外的先进经验，并结合中国的实际国情和现有项目情况，从项目成本核算原则、捕集成本核算、运输成本核算、封存成本核算、全流程成本核算进行了系统介绍，并针对 CCS 融资渠道、融资机会、融资机制开展了深入研究和案例分析。本书参考了国际上已有部分机构编写了 CCS 成本核算的指南，包括电力研究院（EPRI）、美国能源部能源技术国家实验室（DOE/NETL）、国际能源署温室气体计划（IEAGHG）、欧洲零排放平台（ZEP）和全球碳捕集与封存研究院（GCCSI）等，借鉴了美国、加拿大、欧盟、澳大利亚的融资政策和方案，吸取挪威、加拿大、德国、美国等国的融资成功失败案例，提出符合中国国情的 CCUS 项目成本核算方法和可行的融资方式，因此本书对中国 CCS 成本核算和融资问题具有一定的借鉴意义，可为中国政府的政策制定和决策提供科学依据，为中国 CCS 项目的投资者和管理者提供工具和方法，将更好推动我国 CCS 工程实践的发展。

参考文献

陈文颖.2007. CO_2收集封存战略及其对我国远期减缓 CO_2 排放的潜在作用. 环境科学，(6)：1178-1182.

陈燕，张健，杨旭中.2009. 电力工程经济评价和电价. 北京：中国电力出版社.

电力规划设计总院.2013. 火电工程限额设计参考造价指标（2012 年水平）. 北京：中国电力出版社.

熊杰.2011. 氧燃烧系统的能源-经济-环境综合分析评价. 武汉：华中科技大学.

许世森.2009. 中欧碳捕集与封存合作项目成果报告. 中欧煤炭利用近零排放项目组. 北京.

张斌，倪维斗，李政.2005. 火电厂和 IGCC 及煤气化 SOFC 混合循环减排 CO_2 的分析. 煤炭转化，28（11）：1-7.

张建府.2010. 碳捕集与封存技术（CCS）成本及政策分析. 中外能源，3：21-25.

Abadie L M，Chamorro J M. 2008. Valuing flexibility：The case of an Integrated Gasification Combined Cycle power plant. Energy Economics，30（4）：1850-1881.

Aspelund A，Gundersen T. 2009. A liquefied energy chain for transport and utilization of natural gas for power production with CO_2 capture and storage- Part 2：The offshore and the onshore processes. Applied Energy，86：793-804.

Dahowski R T，Davidson C L，Li X C，et al. 2012. A $70/t CO_2，greenhouse gas mitigation backstop for China's industrial and electric power sectors：Insights from a comprehensive CCS cost curve. International Journal of Greenhouse Gas Control，11：73-85.

Davison J. 2009. Electricity systems with near-zero emissions of CO_2 based on wind energy and coal gasification with CCS and hydrogen storage. International Journal of Greenhouse Gas Control，3：683-692.

EIA. 1994. Washington D. C.：Energy Information Administration，U. S. Department of Energy.

Eldevik F，Graver B，Torbergsen L E，et al. 2009. Development of a Guideline for Safe，Reliable and Cost Efficient Transmission of CO_2，in Pipelines. Energy Procedia，1（1）：1579-1585.

Escosa，J. M，Romeo，L M. 2009. Optimizing CO_2 avoided cost by means of repowering. Applied Energy，86：2351-2358.

Fleten S E，Niisiikkiilii E. 2003. Gas-fired power plants：Investment timing，operating flexibility and CO_2 capture. Energy Economics，32（4）：805-816.

Fuss S，Szolgayova J，Obersteiner M，et al. 2008. Investment under market and climate policy uncertainty. Applied Energy，85（8）：708-721.

Heddle G，Herzog H，Klett M. 2003. The economics of CO_2 storage. Massachusetts Institute of Technology，Laboratory for Energy and the Environment.

Herzog H，and Klett. 2003. The Economics of CO_2 Storage. MIT Laboratory for Energy and the Environment

Hetland J，et al. 2009. Integrating a full carbon capture scheme onto a 450 MWe NGCC electric power generation hub for offshore operations：Presenting the Sevan GTW concept. Applied Energy，86：

2298-2307.

Heydari et al. 2010. Real options analysis of investment in carbon capture and sequestration technology. Computational Management Science, 9 (1): 109-138.

IEA Greenhouse Gas R&D Programme. 2002. Transmission of CO_2 and Energy, Report no. PH4/6 (March 2002).

IEA. 2011. Cost and Performance of Carbon Dioxide Capture from Power Generation.

IPCC. 2005. Carbon Dioxide Capture and Storage. Cambridge: Cambridge University Press.

Khorshidi Z, Soltanieh M, Saboohi Y, et al. 2011. Economic feasibility of CO_2, capture from oxy-fuel power plants considering enhanced oil recovery revenues. Energy Procedia, 4 (1): 1886-1892.

Law David H. - S, Bachu S. 1996. Hydrogeological and numerical analysis of CO_2 disposal in deep aquifers in the Alberta Sedimentary Basin. Energy Conversion & Management, 37 (37): 1167-1174.

Li H, Yan J. 2009. Impacts of equations of state (EOS) and impurities on the volume calculation of CO_2 mixtures in the applications of CO_2 capture and storage (CCS) processes. Applied Energy, 86: 2760-2770.

Liu H, Gallagher K S. 2011. Preparing to ramp up large-scale CCS demonstrations: An engineering-economicassessment of CO_2, pipeline transportation in China. International Journal of Greenhouse Gas Control, 5 (4): 798-804.

Lohwasser R, Madlener R. 2012. Economics of CCS for coal plants: Impact of investment costs and efficiency on market diffusion in Europe. Energy Economics, 34: 850-863.

McCollum D L. 2006a. Comparing Techno-Economic Models for Pipeline Transport of Carbon Dioxide. Institute of Transportation Studies, University of California-Davis.

McCollum D L. 2006b. Simple Correlations for Estimating Carbon Dioxide Density and Viscosity as a Function of Temperature and Pressure. Institute of Transportation Studies, University of California-Davis.

McCollum D L, Ogden J M. 2006. Techno-economic models for carbon dioxide compression, transport, and storage & correlations for estimating carbon dioxide density and viscosity. Institute of Transportation Studies. University of California-Davis.

McCoy S T. 2008. The Economics of Carbon Dioxide Transport by Pipeline and Storage in Saline Aquifers and Oil Reservoirs, Carnegie Mellon University.

McCoy S, Rubin E. 2009. An engineering-economic model of pipeline transport of CO_2 with application to carbon capture and storage. International Journal of Greenhouse Gas Control, 2 (2): 219-229.

McKinsey, 2008. Carbon capture & storage: Assessing the economics. McKinsey & Company, Inc, New York.

Natcarb. 2006. US Department of Energy National Energy Technology Laboratory. http://wwwnatcarb-org/Calculators/co2_ prophtml, Accessed on February 11, 2006.

National Institute of Standards and Technology. 2006-2-11. http://webbooknistgov/chemistry/fluid/.

NETL. 2012. Best Pratice for Monitoring, Verification, and Accounting of CO_2 Stored in Deep Geologic Formations -2012 Update. Pittsburgh, PA, USA National Energy Technology Laboratory.

Odeh N A, Cockerill T T. 2008. Life cycle GHG assessment of fossil fuel power plants with carbon capture and storage. Energy Policy, 36 (1): 367-380.

Posch S, Haider M. 2012. Optimization of CO_2 compression and purification units (CO_2CPU) for CCS power plants. Fuel, 101: 254-263.

Programme IGGRD. 2002. Transmission of CO_2 and Energy. Report no PH4/6.

Riahi K, Rubin E S, Taylor M R, et al. 2009. Technological learning for carbon capture and sequestration technologies. Energy Economics, 26: 539-564.

Rubin E S, et al. 2007. Technical Documentation: Oxygen-based Combustion System (Oxyfuel) with Carbon Capture and Storage (CCS).

Seevam P N, Downie M J, Hopkins P. 2008. Transporting the Next Generation of CO_2 for Carbon Capture and Storage: The Impact of Impurities on Supercritical CO_2 Pipelines. Proceedings of the IPC2008 7th International Pipeline Conference. Calgary, Alberta, Canada.

Smith L A, Gupta N, Sass B M, et al. 2001. Engineering and economic assessment of carbon dioxide sequestration in saline formations.

Sulem J, Ouffroukh H. 2006. Shear banding in drained and undrained triaxial tests on a saturated sandstone: Porosity and permeability evolution. International Journal of Rock Mechanics & Mining Sciences, 43 (2): 292-310.

Vandeginste V, Piessens K. 2008. Pipeline design for a least-cost router application for CO_2, transport in the CO_2, sequestration cycle. International Journal of Greenhouse Gas Control, 2 (4): 571-581.

Viebahn P J, Nitsch M, Fischedick A, et al. 2007. Comparison of carbon capture and storage with renewable energy technologies regarding structural, economic, and ecological aspects in Germany. International Journal of Greenhouse Gas Control, 1: 121-133.

Wei N, Li X, Dahowski R T, et al. 2015. Economic evaluation on CO_2-EOR of onshore oil fields in China. International Journal of Greenhouse Gas Control, 37: 170-181.

Wei N, Li X, Liu S, et al. 2014. Early opportunities of CO_2 geological storage deployment in coal chemical industry in China. Energy Procedia, 63: 7307-7314.

Wei N, Li X, Wang Q, et al. 2016. Budget-type techno-economic model for onshore CO_2, pipeline transportation in China. International Journal of Greenhouse Gas Control, 51: 176-192.

Zanganeh K E, Shafeen A. 2007. A novel process integration, optimization and design approach for large-scale implementation of oxy-fired coal power plants with CO_2 capture. International Journal of Greenhouse Gas Control, 1 (1): 47-54.

Zhou W, Zhu B, Fuss S, et al. 2010. Uncertainty modeling of CCS investment strategy in China's power sector. Applied Energy, 87 (7): 2392-2400.